第一辑 · 全10册

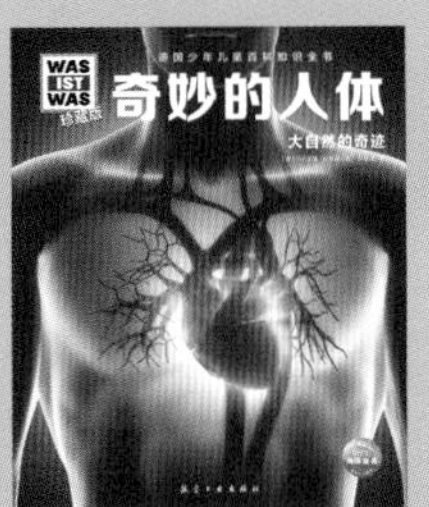

第二辑 · 全10册

第三辑 · 全10册

第四辑 · 全10册

第五辑 · 全10册

第六辑 · 全10册

第七辑 · 全8册

学习源自好奇　科学改变未

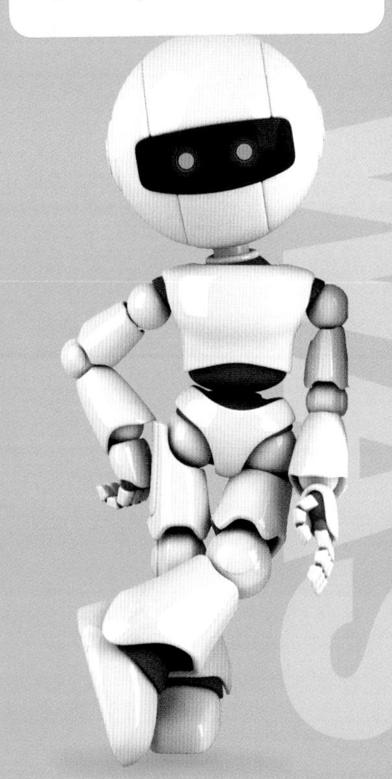

德国少年儿童百科知识全书

时尚魅影

时尚的古与今

[德]克里斯廷·帕克斯曼/著 刘木子/译

長江出版傳媒 | 长江少年儿童出版社

方便区分出
不同的主题！

真相大搜查

20

20世纪的衣服看起来像画一样，裙子开始越来越短。

10

羽毛饰品、开裂的袖子、尖头鞋——中世纪的男人很爱美。

4 时尚的变迁

14 16至19世纪：从繁复回归简单

14

蝴蝶结、卷发、荷叶边——洛可可时尚像花儿一样美丽。

37

符号▶代表内容特别有趣！

28 20 世纪 50 年代的优雅！

彻底迎来穿衣自由，随心所欲，自由穿搭！

重要名词解释！

时尚是服饰的更替

著名的阿尔卑斯山木乃伊“奥茨冰人”被发现时，穿着皮子制成的缠腰布和毛皮制成的护腿套。草绳或皮绳将他的所有衣物固定起来。奥茨在冰雪中沉睡了5000多年。

毛皮、毛毡、麻布、织物——根据新石器时代陶片上的绘画，早在那时，人类就已经对着装有了追求。男人用布裹住下身，女人披着布，并用腰带固定，手臂和腿部也用布遮蔽。

衣物来自大自然。大约5万年前，人们已经会把割下的兽皮裹在身上，还会用骨针缝合兽皮。进入新石器时代后，人们学会了用植物编织衣服，可以用亚麻编织出粗糙的麻布。目前发现的世界上最古老并且保存最完好的服装，是出土于埃及的亚麻衫，距今已有5000多年的历史。

后来，人们掌握了更多工具的使用方法，懂得把衣物做得更加合身舒适。世界各地的人们形成了不同的服装文化。古希腊人是历史上著名的时尚引领者，他们是欧洲古代的时尚大师，影响了欧洲多个朝代的服饰发展。

你知道吗?

世界上最古老的鞋是在美国俄勒冈州的一个洞穴中发现的，距今约有9000多年的历史，它是由植物编成的。

新石器时代的人类不仅穿着皮鞣制成的衣服，还会使用牛角梳。如今，很多传统服装和骑摩托车的骑行装依然是皮衣皮裤。

不可思议!

皮鞋距今已有大约 5500 年的历史。这双在亚洲西部的亚美尼亚的洞穴中发现的皮鞋，尺寸约为 37 码，大约制作于公元前 3500 年。它比奥茨冰人的鞋履早几个世纪，比埃及吉萨金字塔早大约 1000 年。这双鞋连鞋带都完整地保留了下来。

为什么时尚会随着时间变化?

通常有这样几个原因：第一，社会地位的变化，当人们变得富有后，会希望通过穿着展示他们的财富；第二，14 世纪时，由于金属缝纫针的发明而兴起的裁缝行业，深深影响了服装的发展；第三，16 世纪时，织布技术的进步使得人们生产出的织物品类更多、产量更高。

当然，人们的好奇心和相互模仿也是一个重要的因素。历史上，人们会在旅行，甚至在征战中了解到其他国家的时尚，还会从他国带回自己国家没有的面料。例如，早在公元前，欧亚地区一些国家的人就通过贸易，认识了来自中国的丝绸和来自埃及的棉花。

最后，最重要的原因是：爱美之心，人皆有之。时尚可以把一个人变成另一个崭新的人。现在，就让我们开始了解时尚吧!

从毛皮到衣物

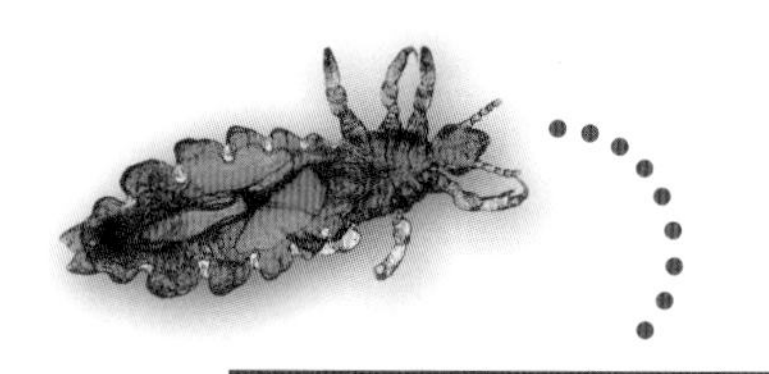

你知道吗?

衣物寄生虫——如同它的名字一样，它生活在人类的衣服上。它是一种虱子。对科学家来说，它可以说明远古人类已经开始穿戴衣物。

旧石器时代，人们已经会简单地制作鞣皮。怎么制作呢? 首先将草木烧成的灰撒在兽皮上，使劲揉搓，然后把兽皮放入树皮煮成的液体里浸泡，这种液体中含有鞣酸。这样制成的皮鞣更干净，穿起来也更舒适。后来，人类学会编东西，将长长的草、藤蔓、芦苇等编成篮子、网子等。从大自然中收集来的原料，经过人们的加工处理，成为能够提高人们生活水平的物品。

到了新石器时代，人们发现，亚麻、棉、蚕丝和一些动物的毛可以织成细细的线，再把线织成布。有了比兽皮更软的布，就可以做出更加舒适的衣服了。纺线是新石器时代的重要技术。

尽管最初的衣服都不复存在了，但是科学家还是从古老的遗迹中了解到了一些关于远古人类衣物的信息。在漫长的历史中，人类很多时候都要依靠衣物才能生存下来。比如，在冰期，在人类迁徙的过程中，越往极地走，气温越低，人类越需要衣物保暖。科学家发现了这一时期的只会在衣物上出现的寄生虫，这是证明远古人类穿衣物的最好证据。

如今，如果人们需要一件新衣服，可以去附近的商场买一件，或者在购物网站上下单。但是你知道吗? 在很长一段时间里，人类没有现成的衣服可以购买，人们需要自己制作衣服，或者找裁缝制作衣服。

亚麻纤维

人类在迁徙的过程中认识了许多新的植物，比如亚麻。亚麻中含有植物纤维，亚麻纤维是人类最早使用的天然纤维。亚麻可以编织成坚韧的长绳，人类也因此掌握了最初的编织技术。

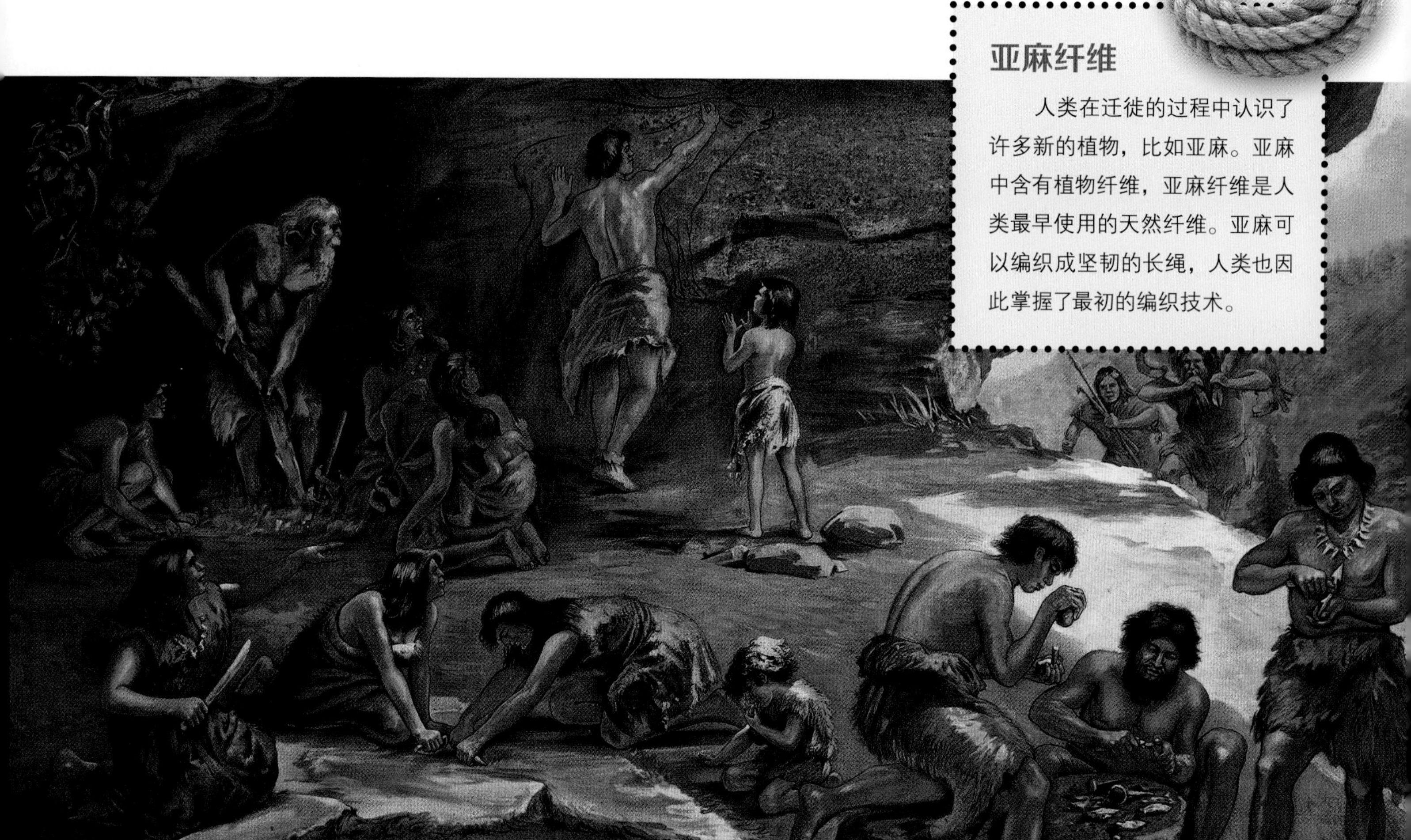

伟大的发明

缝纫针

毛皮和织物是如何拼接在一起的呢？早期的“服装设计师”需要花大量的时间制作针和线。早在旧石器时代，骨针就出现了。在动物细骨的一端钻一个可以穿线的孔，这就是骨针。但是骨针很容易坏，也不好操纵。

在纽扣和金属缝纫针被发明之前，人类都是用绳子捆绑或者用布条系紧等方式，将衣服“裹”在身上，这形成了当时的一种时尚，同时也解释了为什么“包裹的形象”出现在几乎所有的历史中。

中国在西汉时期已经有了铁针，唐朝时有了钢针，14 世纪，钢针被传入欧洲，随后发展起来的缝纫技术改变了曾经的包裹历史。缝纫技术不仅实现了布料的拼接，还使衣物有了精致的刺绣。

毛 毡

毛毡其实是羊“发明”出来的。羊在自己被剪下的羊毛上踩磨、撒尿，羊尿和羊毛上的油脂发生了奇妙的化学反应，这就类似于后来人们制作毛毡时，羊毛油脂和肥皂发生的化学反应，再加上踩压，羊毛纤维就粘在了一起，形成了类似如今毛毡的东西。

人们现在能有毛毡这样暖和又柔软的材料来制作衣服、帽子、鞋子，甚至是帐篷，都要感谢羊呀！

织布机

大约 5000 年前，世界各地开始出现织布机。中国最早的织布机是 4000 多年前的良渚织机，古希腊常用的是重锤织机。东西方的织布机都有各自的特点。早期的织布机除了编织衣物，也用来制作渔网、门帘等物品。

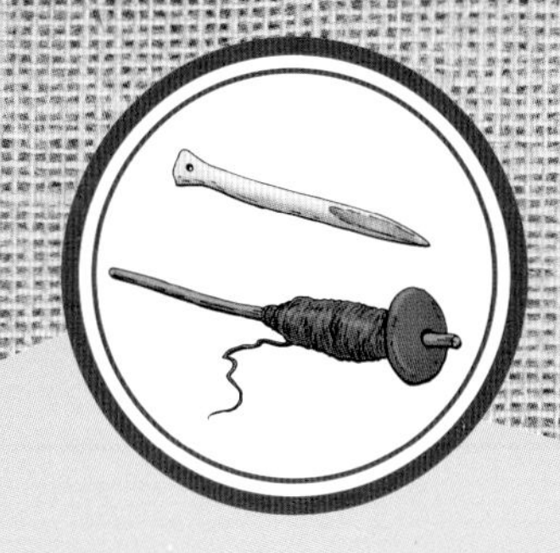

纺 锤

纺锤是一种历史悠久的纺织工具，通常由木材、石头或陶制成，被用来将羊毛、亚麻、棉花等纤维捻成纱线。纺锤的底部或顶部通常会加上重块，这个重块叫作纺轮。纺轮的转动可以使又细又乱的纤维被拉伸，捻成线。有了纺锤，人们就不用手工搓线了，大大提高了纺线的效率。

古希腊、古罗马的时尚：披挂与缠绕

白色是古人热衷的颜色吗？

因为古希腊和古罗马的大理石雕像的人物衣服都是白色，所以人们可能会以为古希腊人和古罗马人喜欢穿着白色的衣服。不过，从那时的彩陶上，我们可以得知，古希腊人和古罗马人不仅喜欢白色，也喜欢缤纷的颜色，他们热衷于给衣服染色，如红色、黄色、橙色、蓝色、绿色等。

你了解古希腊人和古罗马人的穿着吗？古希腊和古罗马时期的雕塑、绘画和文学作品，比如古希腊史诗《伊利昂纪》、古罗马作家大普林尼的著作等，都可以让我们了解到古希腊人和古罗马人的穿着。

时尚对于古罗马人非常重要，但是古罗马人在很多方面都想要和古希腊人保持一致，比如在建筑和服饰剪裁上，都想要照搬古希腊人的风格。

古希腊的时尚

公元前 8 世纪至公元前 6 世纪，是古希腊的早期文化时代，这段时期也叫作古风时期。公元前 5 世纪至公元前 4 世纪中叶，是古希腊文化的鼎盛期，这段时期也叫作古典时期，是古希腊的哲学、民主政治和艺术高度发展的时期。从公元前 4 世纪到公元前 1 世纪，是希腊化时代。古希腊文明为西方文明打下了基础。

古希腊时期，山羊和绵羊是常见的牲畜，因此人们拥有大量羊毛。古希腊人还通过海上贸易，从埃及进口棉花、亚麻，以及中国的丝绸等。与他们的邻居腓尼基人不同，古希腊人喜欢将材料纺织成矩形，并且不加裁剪。

也许是因为他们认为如此珍贵的织物不应该被破坏了整体性，所以，就出现了古希腊人的衣着风格——优雅垂坠。男人和女人都穿着长长的织物，并巧妙地用绳子和别针将它们固定在肩膀、胸前或者腰上，这样的穿着叫作“希顿”。希顿是古希腊男女都穿的日常服装。女人和哲学家还喜欢再披一件“希玛纯”外衣。女人们将长发盘起；男人们都喜欢蓄须。皮制凉鞋则是男女都喜欢穿的。

喜欢仿照的古罗马人

古罗马是从公元前 9 世纪初开始，在意大利半岛中部兴起的文明。古希腊的各个时代按照文明的发展阶段来划分，而古罗马的各个时代是按照政治形态的变化来划分的。公元前 8 世纪中期到公元前 6 世纪是罗马王国，这是王政时代，这时的古罗马是一个君主制国家；公元前 5 世纪到公元前 27 年是罗马共和国时代，掌握国家实权的元老院由贵族组成，这时的古罗马是一个共和制国家。公元前 27 年至 476 年是罗马帝国时代，古罗马又成了君主制国家，

公元 395 年，帝国被划分为东西两部分，东西分治，此后再未统一。

公元前 146 年，古希腊被古罗马征服。

古罗马人热衷于仿效古希腊人，他们沿用了古希腊人的长袍。人们会穿一件在腰上绑带的“丘尼卡”，已婚女性会再披上一件“斯托拉”长袍，重要场合再加上一件“帕拉”披肩。女性还有一种直接系在胸部的长布条，这就是早期的胸衣。

在罗马帝国的鼎盛时期，大约是公元前 50 年，女人们流行将束腰绑在胸下，形成高腰身，并起到一定的固定胸部的作用。谁能想到，在几个世纪后的帝政时期，这种时尚又重回潮流。

古罗马的男性有一种“托加”长袍，它长达 5 米，一个人无法独自穿上，因此需要奴隶的帮助。穿托加最重要的就是要形成优美又复杂的褶皱，很多人都对自己托加的褶皱有严格的要求。因为托加穿起来太繁复，又不实用，所以古罗马男性日常穿得更多的是丘尼卡，加上一条腰带，丘尼卡有的长一些，有的短一些。

知识加油站

- 只有真正的古罗马公民才能穿那种 5 米长的托加长袍，外来者和奴隶是不允许穿的。
- 托加长袍的颜色可以显示社会地位。普通公民不能穿紫色托加，高官们穿有紫色边饰的托加，只有国王才能穿全紫的长托加长袍。

从中世纪到文艺复兴时期：粗布或刺绣

中世纪指公元 4 或 5 世纪至公元 15 世纪。公元 395 年，罗马帝国分为西罗马帝国和东罗马帝国。公元 476 年，西罗马帝国因日耳曼入侵而灭亡。东罗马帝国则延续了一千多年。

中世纪在时间上分为 5 世纪至 10 世纪的“文化黑暗期”、11 世纪至 12 世纪的“罗马式时期”和 13 世纪至 15 世纪的“哥特式时期”三个历史阶段。

直到 13 世纪，男女衣服都一样宽大。平民穿着粗布衣服，贵族的长袍会绣上精美繁复的刺绣。

手工业的发展

1096 年至 1291 年的十字军东征，给欧洲带回了来自东方的织物，这些织物让欧洲人民大开眼界，带动了欧洲手工业的发展，于是衣物的纺织和剪裁手法都产生了变化，衣物变得更加贴身，显现出人们的身形。贵族们开始希望通过特别的剪裁将自己的衣物和普通人的衣物区别开来。

13 世纪初期，男女衣物仍然没有太大差别，但都开始有曲线了。女人们穿着“修尔科”外裙，里面搭配一条曳地的“科特”长裙遮住鞋子；男人们则穿着稍短一些的科特，下身穿紧身长裤，在正式场合也穿修尔科。

像孔雀一样爱美

将名贵的羽毛戴在头上，就像鸟类求偶一样。

时　髦

开裂的袖子是时髦的代表。

实　用

可换洗的袖子十分实用。

尖头鞋

“克拉科夫”尖头鞋让脚看起来更细长。

深受重视的鞋子！

中世纪时的人非常重视自己的鞋子，甚至不惜用名贵的皮革来制鞋。可惜有的鞋子虽然美观，却真的不太实用。中世纪时流行的“克拉科夫”尖头鞋简直是华而不实的典范。人们为了能穿着它们走路，有时甚至需要将长鞋尖系在鞋子上或者膝盖下方。

头　饰

在中世纪，不戴头饰是无法出门的。平民外出必须戴帽子。社会地位高的男性可以用孔雀羽毛装饰帽子。女性有一种锥形的高帽子，叫作“汉宁”，它通常有着尖尖的顶。已婚女性还需要佩戴面纱和头巾。

14 世纪的时尚

14 世纪，人们开始通过衣物来展现自己的体形，贵族也越来越注重时尚，他们穿着从意大利进口的新面料，比如锦缎和天鹅绒等。

很多现在看起来有些奇怪的衣着都是哥特式时期流行的风格。男人们穿着短至臀部的普尔波万和彩色的紧身长裤。女人们穿着宽大的长袍“胡普兰衫”，佩戴珠宝首饰和“汉宁”帽子。总的来说，那时人们的衣着丰富多彩。

文艺复兴时期的奢华

14 世纪至 17 世纪是文艺复兴时期，文艺复兴是古希腊和古罗马文化在欧洲的“复兴”和“再生”。这段时期，教会权威逐渐衰落，王室的权力逐渐上升。文艺复兴拉开了近代欧洲历史的序幕。

16 世纪，西班牙王室十分强盛，西班牙成为欧洲时尚的中心。在服装方面，西班牙风格的服装推崇沉重、肃穆的黑色。但是贵族的黑衣服上会绣上华丽的纹样，还会用珍珠和宝石进行装饰。这时，天鹅绒也在贵族间风靡起来。

这时期，男女上衣的颈部密不透风，人们还在颈部戴着像车轮一样宽的“拉夫领”，也叫“襞襟”。这种领子可以拆卸，便于清洗，以此保持领口的整洁。这种领子的制作方法在当时还是保密的。贵族的孩子也要戴这种领子。

男人们的衣服里有不少填充物，以显示出他们“鹅胸”一样宽大的上身，袖子里也要塞上填充物，使袖子膨大起来，下身则穿着灯笼裤。女人们的裙撑在这个时代诞生了。裙撑是在吊钟形的亚麻布缝上骨架，使裙子蓬起。与此同时，束腰也诞生了，女人们用倒三角形的束腰强行给自己勒出细腰，再穿上宽大的裙撑和裙子，这样的审美一直延续到 19 世纪。

发饰“艾斯科菲恩”在今天看来有些滑稽，这是画家扬·凡·艾克笔下的自己的妻子。

不可思议！

这双鞋的鞋跟竟然有 20 厘米高！穿着它走路就和踩高跷一样。在威尼斯，这种鞋子被叫作“佐科尼”，取自“底座”的意思。有了这双鞋，人们就可以避免华贵的长袍沾上水城街道上的泥了。

凯莉包是以摩纳哥王妃格蕾丝·凯莉的名字命名的。

黑框眼镜或者墨镜甚至可以改变一个人的形象！

如今只有在婚礼和赛马时才会见到有人戴这样的帽子了。

时尚搭配和“必备单品”

不可思议！

一个柏金包的价格在9000到150000美元之间。

时尚往往是一种感觉，它的关键在于——是谁在穿什么。穿上同样的衣服，人们看起来就一样了吗？

时尚中有一个词叫“必备单品”，它们往往是明星们拥有的服饰，比如现在流行的词汇“It Bag”，意思不是“它包”，而是“最抢手的包”。

爱马仕的凯莉包，最初是在20世纪30年代被设计出来的。1956年，摩纳哥王妃，同时也是好莱坞明星的格蕾丝·凯莉，拎着这个手提包被拍下了照片，从此这款手提包风靡全球，并被人们称为“凯莉包”。同样出自爱马仕的“柏金包”，也是1984年专门为女明星简·柏金设计的。

时装公司每年都会尝试设计一款“It bag”，然后再控制数量，以此提高售价。

今日流行的“必备单品”

就连眼镜也可以成为“必备单品”。如今也有很多有名的眼镜或墨镜品牌。墨镜会使人看起来很神秘。黑框眼镜也很经典，会使佩戴者看起来很有学者气质。

曾经的“必备单品”

15世纪时，贵族女性的时尚“必备单品”是一个筒状的手笼。

历史上最著名的配饰之一当属扇子。早在

朱塞佩·波尔萨利诺发明了这种以他的名字命名的帽子。在很多电影里，佩戴这种帽子的人不是政客就是黑帮。

一个手笼立马改变了整体气质。

羽毛披肩看起来很有神秘感。

扇子不仅可以扇风，还可以隐藏秘密。

公元前2500年左右，扇子就已经存在了。16至18世纪，精巧的中国扇子经威尼斯传入欧洲宫廷，扇子一度成为女性的重要用品。在法国，使用扇子甚至有一套严格的流程。

我们今天用来保暖或者运动时佩戴的手套，在古代却是贵族们的特有装饰。它们由丝绸或者皮革制成，有刺绣或珍珠装饰，它们是财富的象征。关于手套的一举一动，比如摘下手套、递出手套或者丢下手套，其中的意义都耐人寻味。手套在中世纪是权威的象征。领主在分封土地时，将手套作为契约一样的保证，赠给被分到土地的人。在18世纪的德国，将手套向某人胸前扔去，意思就是要和这个人决斗。但是在中国历史上，几乎没有手套，因为中国古代衣服的袖子又长又宽，足以暖手。

文艺复兴时期，人们携带的“时尚单品”已经很丰富了。如果觉得太阳太晒，可以戴面罩。至于耳环，则是男女都会戴。此外还有手绢、小镜子、折扇、阳伞、手套，手套甚至会喷上香水。这时候的香水是为了掩盖体臭，因为这时期的人们很少洗澡，连贵族也是这样。

帽饰

现在的人们可能难以想象，历史上的大部分时期，几乎每个人都必须戴上头饰才能出门，直到12世纪才出现了各式各样的帽子，这意味着在此之前，人们会戴着面纱、头套或者头巾出门。在过去，头饰可以体现阶层的差异，还可以体现一个人的婚姻状况。帽子也有着自己独特的时尚路线，你可以从帽子的样式看出人们所处的时代。如今，繁复或华丽的帽子已经很少出现了，但是在赛马场上，还能看见一些观众戴着富有想象力的帽子。近年，巴拿马帽又流行了起来，这种轻便的帽子其实产自厄瓜多尔，是由当地的一种植物编成的。

你知道吗?

已婚还是未婚? 历史上，未出嫁的女性和已经结婚的女性，在服装上会有差别，包括服装的颜色、形式、装饰，戴的帽饰和手饰等。

有趣的事实

谁能穿什么衣服?

在中世纪，国王严格限定每个阶层应该穿的衣服形式，甚至还会限定每个阶层在衣服上的花销。在17世纪，欧洲王室对奢侈品的流通也有限制，比如蕾丝就是被严格管控的奢侈品之一。每个城市也都有着装规范。

巴洛克和洛可可：华丽又繁复

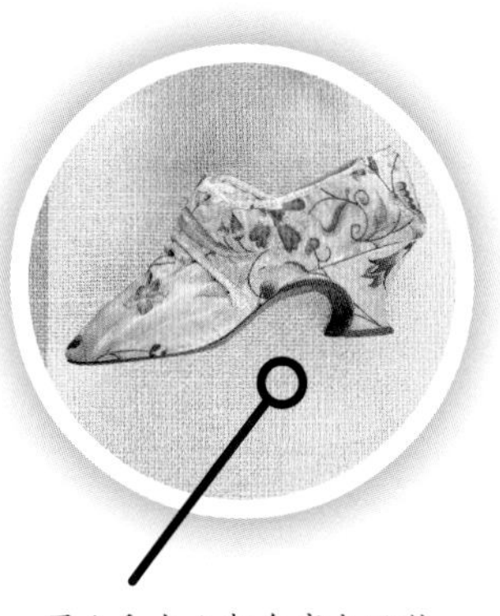
男人和女人都会穿高跟鞋。

1618 年到 1648 年，欧洲主要国家纷纷卷入战争中，这就是“三十年战争”。战争推动了欧洲近代民族国家的形成，也改变了欧洲时尚的进程。战争结束后，整个欧洲都不想再遵循繁复又不舒适的穿衣礼仪。17 世纪前半叶，荷兰是当时的欧洲强国，引领欧洲走向巴洛克风格。17 世纪后半叶，法国国力不断强盛，法国国王路易十四以富丽堂皇又大胆前卫的风格出名，一时间变成了大家争相模仿的典范，将巴洛克风格推向巅峰。

华美的礼服，优美的曲线

路易十四自称“太阳王”，他铺张奢华，修建凡尔赛宫，举办豪华舞会，鼓励艺术和商业发展。在时尚方面，则是极尽庄严、精致和繁复。

男人们渐渐不再穿普尔波万和灯笼裤了，取而代之的是收腰的大衣、马甲和半截裤。大衣一般长至膝盖，大衣和马甲的前面都有一排华丽的扣子，下面再穿上半截裤和长筒袜。袖口绣有蕾丝褶皱边，就连衣领处也有蕾丝边，右肩所挂的绶带代表着他们的身份。

女人们的大裙摆更加华丽和柔软。女人们以丰满为美，并不注意体重，但是她们上身仍然穿着束腰，束腰也是外衣的一部分，从裙子里露出来，形成一个倒三角形，整体装饰繁复美丽。

以路易十四为代表，巴洛克风格在男装上体现得更加明显。巴洛克风格展示权力、注重装饰，并且不拘泥于统一的形式，喜欢与众不同。路易十四对国内纺织产业的保护，促进了纺织技术的发展，为巴洛克风格提供了更多创新的可能。16 世纪初，印度沦为欧洲殖民地。1664 年，法国建立了东印度公司，从印度大量进口棉和印花布，更加丰富了人们的衣装。巴洛克风格的时尚不仅是富人的时尚，也是殖民地被欧洲帝国主义掠夺的缩影。

贵族们的衣物是由丝绸和蕾丝制成的，越极尽华贵，就越受追捧。用谷物粉末抹成的白色假发、被粉扑修饰得雪白的肤色，以及遮盖瑕疵的假痣贴都极受欢迎。当时的贵族仍然几乎不会洗澡，华丽的衣服也不会拿去清洗。

穷奢极欲的贵族

平民的生活与贵族的生活截然相反，没有哪个时期贵族和平民的服装差异能像巴洛克和洛可可时期一样悬殊。当平民还在忍饥挨饿时，国王却为了庆祝和享乐，将钱扔出窗外。贵族们穷奢极欲，完全不在乎平民的生活。这也导致了法国大革命的爆发。

与此同时，宫廷中还兴盛一种“牧羊人装扮”——人们穿着华服锦缎，戴着花草帽，坐在羊群中野餐。这样的打扮和真正的牧羊人毫不相干，只不过是贵族阶层对于田园生活的一种想象。平民百姓们对于这些“想象”以及描述“民间生活”的宫廷彩绘有着极大的反感。

貂皮大衣配上天鹅绒和丝绸——路易十四就喜欢这样打扮。

你知道吗？

法语中的“mode”一词出现于15世纪，当时的意思是“一个人生活的方式”；到巴洛克时期，这个词有了“时尚”的含义。英文中的“时尚”一词“fashion”来源于12世纪法语中的“façon”，是“人工”“手工”的意思。

洛可可风格

时间进入18世纪，纺织业不断发展，贵族和新兴资产阶级在沙龙里社交，他们逐渐发展出比巴洛克风格更加柔和、淡雅，但依然非常华丽的洛可可风格。

男士们继续穿着他们的大衣、马甲、半截裤、长筒袜。18世纪后半叶，这样的服装越来越像后来的燕尾服和西装马甲。英国在这时引领了男装的流行趋势。

洛可可风格主要体现在女性服装上。女人们的束腰外别上了精致的胸片或者缎带蝴蝶结，法式长袍“罗布”呈A字形打开，露出里面美丽的衬裙。法国洛可可时期的画家安托万·华托的画作中，展示了很多这一时期女性的形象。

知识加油站

- 在法语中，人们会把遮斑用的假痣贴叫作“苍蝇”。
- 这些贴纸由不同材料制成，有的是丝绒的，有的是丝绸的，有的是皮的，甚至有的是纸做成的。它们的形状也各不相同，有心形、星形，也有月牙形的。
- 假痣贴所贴部位也不尽相同，贴在眼角显得热情奔放，贴在额头则显得庄严正式。

帝政风格和克里诺林风格：古典与夸张

花花公子

一些注重着装的男士变得非常出名，他们被称作“花花公子”，英国的博·布鲁梅尔就是其中之一。他衣着品位高雅，自成一派。不幸的是，最后他变得一贫如洗，进了精神病院。

18 世纪 60 年代，英国开始了第一次工业革命，资产阶级崛起。1789 年法国大革命爆发后，曾经巨大的阶层差异缩小了，法国大革命再一次影响了时尚界。贵族们争相炫耀华丽服饰的时代就此终结，取而代之的是资产阶级带来的时尚风潮。

为什么 1789 年至 1840 年之间的这个时期被称作“新古典主义”时期呢？这段时期，考古学家在希腊、罗马等地挖掘，带回了许多古老的物品，欧洲知识分子欣赏那些花瓶和雕像中古典的长袍服饰，这种飘逸又慵懒的风格、纯净又典雅的色彩重新回到人们的视野。拿破仑在法兰西第一帝国时期非常崇尚这种风格，因此这种风格也叫作“帝政风格”。

单薄得像纱一样的帝政风格长裙，优雅却不保暖。

薄，更薄

“新古典主义”时期的女式长裙是一种白色细棉纱制成的连衣衬裙，裙子剪裁简洁，没有多余的修饰，胸下系带，薄薄的棉纱勾勒出女性身体婀娜的线条，别具韵味；再搭配一条披肩，更加体现出一种古典美，这在当时的女性之间风靡一时。

虽然女人们不用穿束腰和裙撑了，但是长裙很薄，还长得拖地，女人们为了保持优雅，不得不受冻，有时还会被裙子绊倒。一年冬天，法国举办了一场“谁的裙子更薄”的比赛。为了美丽，女人们不惜在寒冷的冬天只穿一件薄薄的纱裙，甚至可能被冻得死于疾病。

男人们在这方面则没有遭罪，他们开始剪短发、穿长裤、长靴或皮鞋，黑色重新流行起来，这时的男装和后来男性的西装已经十分相似。

浪漫主义时期

拿破仑帝国覆灭后，法国局势动荡，战乱频繁。人们逃避现实，在文学和艺术创作上都倾向于寻找浪漫和幻想，表达忧伤的情绪，这一点也体现在时尚方面。1825 年至 1850 年是浪漫主义时期。这一时期的男装开始强调细腰，男人们甚至也要穿上束腰。男人们留着滑稽的胡须和长长的鬓角，高筒礼帽和手杖成为他们的必不可少之物。1840 年左右，男士衬衫剪裁更加简洁，成为此后男士衬衫的雏形。

1850–1870 年的克里诺林时期：塔夫绸、小花边以及螺旋卷发。

紧身束腰

充满浪漫和幻想的时尚主要体现在女装上。这一时期女性服装的腰身回到了自然位置，紧身束腰卷土重来，裙子再次膨大起来，裙子下的衬裙和裙子上的装饰也都越来越多，到处都是蕾丝和飞边，纱像蝉翼一样薄。这些都让女性展现出一种飘逸又柔弱的气质。

克里诺林裙撑

19 世纪 60 年代，第二次工业革命开始。法国经济飞速发展，帝国政府的权威增强，也加剧了对殖民地的掠夺。缝纫机的不断改良也促进了时尚的发展。英国引领着男装时尚，西服外套、背心和西裤采用同色、同材质布料制作。

法国宫廷引领女装时尚，裙撑以克里诺林裙撑的形式出现，这种裙撑甚至比从前的更加夸张。穿着这种裙子的女人们什么事都做不了，出门只能乘坐马车，在家只能坐着不动。女人们穿戴着精致的丝带、手套和礼帽，拿着精致的雨伞，衣服上都是繁复的蕾丝，这一切都让女性看起来更像一件礼物。这种风格被称作克里诺林风格，或者新洛可可风格。

不可思议！

巨大的裙撑

克里诺林裙撑越做越大，直径甚至达到 1.8 米——比女人们的身高还要长。穿着这样的裙子可不轻松，女人们有时进门都困难，连坐下都是一门艺术。裙子有可能被大风掀飞；如果马车翻了，女人们也会因为这种裙子无法逃脱。

新时代的改革：让身体更舒适

也许克里诺林裙撑是压死骆驼的最后一根稻草，这种摧残身体的时尚在这之后便很少出现了。1870 年起，巨大裙撑的时代过去了，但是接下来的情况却没有多大的改善。另一种形式的裙撑——巴斯尔臀垫被发明出来，这是一种在身后用硬布或者其他填充物支撑，使裙子在臀部高高隆起的臀垫。

被衣着限制了进步的女性

19 世纪中叶，工业的发展使社会的变化比任何时代都要快。大批的人从农村搬进城市，进入工厂工作。女人们也不甘落后，希望加入这场社会大转型的进程。但是，穿着克里诺林裙撑和巴斯尔臀垫的女人们是无法外出工作的。甚至，穿着这样的裙子走在交通日益繁忙的马路上都是一种危险，女人们的视线会受到宽檐帽子的阻挡，连快被车撞了都无法发现。

虽然一些设计师推出了更舒适的女装，但却不是出于实用的考虑，而是出于审美的角度。虽然裙撑和裙垫消失了，但是束腰依然存在，强行将女性的身材勒出曲线。然而这样的风格无法在新的时代推行，因为这样的衣裙实在不适合外出和工作。

19 世纪 80 年代，来自英国的一种套装成为更好的选择，这种套装由同一材质剪裁成外套和裙子，内搭一件衬衫。设计师和手工业者将男装剪裁方式引入女装制作中，发明了适合女性外出的骑行装、旅行装，以及改良的连衣裙等。合身的外套、简洁的剪裁，没有累赘的装饰，这类女装追求行动的便利，方便女性出门，去做更多的事情，也成为女性工作时可以穿的服装，很快在上层社会普及。这样的套装也在不断变化，有时裙子短，有时裙子长，有时宽松，有时贴身。一些女性甚至也戴起了领带和袖扣。这促进了女装现代化的进程。

你知道吗？

宽大的裙撑使裙子的布料和装饰越来越铺张浪费，以至于需要有法律来规定一条裙子最多能用多大的布料。另外，这种裙子非常容易着火。1863 年，智利圣地亚哥的一个著名教堂发生火灾，巨大的裙撑挤在一起，导致人们无法逃生，有近两千人死亡。

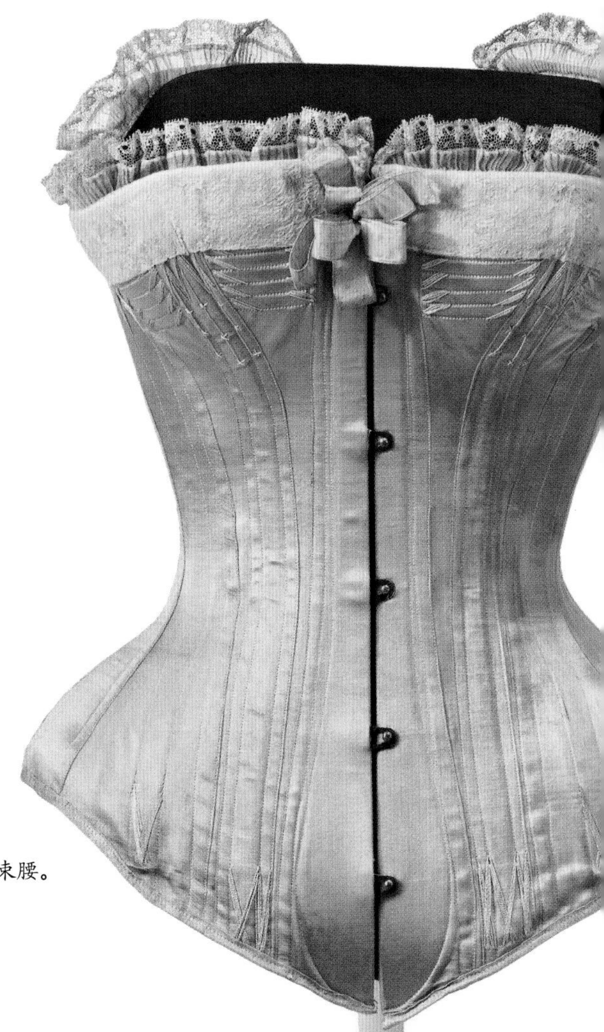

曾经的女人们甚至在泳衣下也穿着束腰。

穿着累赘的裙子根本无法骑自行车。

19 世纪末的长裙怎么看都像是剧场里的衣服。

时尚回潮

19 世纪末 20 世纪初，欧洲和美国出现了“新艺术运动”，这种新的潮流推崇有流动感的“S”形曲线，主张使用来自大自然的藤蔓和花蕾等。受到这种艺术运动的影响，女性服饰再一次华而不实起来。女人们束紧束腰，想显出纤细的腰肢，像铃铛一样的裙子拖在地上。因此，仍旧是细腰和塔夫绸荷叶边定义了 19 世纪末的时尚。就连女搬运工也穿得像奶油蛋糕一样，袖子是泡泡袖，胸前有许多花边。

400 余年的束腰

从文艺复兴时期开始，束腰就成为欧洲女性的枷锁。许多贵族家庭的女性从小就要佩戴束腰，身体其他部位自然生长，而腰却被扎紧。紧身束腰会危害女性的肋骨、肌肉、肺、胃等，呼吸系统、消化系统和血液循环系统都受到严重影响，还会导致营养不良，引发很多疾病。虽然有些女性在习惯束腰后，也可以奔跑和参加运动，但是毋庸置疑，束腰给女性的身体造成了极大的危害。

需要更舒适的衣服

到了 20 世纪，很多女性已经不再中意徒有其表的荷叶花边了，她们找到了新的目标。当时，欧洲各大城市的女性们正在为选举权而斗争，医学的发展也证明曾经的束腰对健康有巨大危害，而外出呼吸新鲜空气则对健康有益。女人们开始骑自行车，这就需要没有累赘花边的裙子。后来也有女性开始开车，做这些事情都需要合适的服饰，来让她们可以舒适地坐下和出行。

法国的欧仁妮皇后和奥地利的茜茜公主是克里诺林裙撑的忠实爱好者，这也使得其他女性跟风穿上克里诺林裙撑。但是后来，茜茜公主患上了厌食症，还过度锻炼身体，疾病缠身。

水手服是时尚经典。

“卡普里”七分裤的设计灵感来自卡普里的渔民装扮。

衣服如画——时尚与美术相融。

传统艺术家也开始投入时尚创作。

可可·香奈儿建立起时尚帝国。可可·香奈儿和罗密·施耐德在试穿新衣。

高级定制时装改变了时尚界。

20 世纪 20 年代经典时尚单品——钟形帽。

从长裙到迷你裙

在封建社会中，女性的衣着有着不胜枚举的条条框框。有时需要极细的腰身，有时需要大领口，有时又要捂得严丝合缝，连脚趾都不许露出来；这里需要蝴蝶结，那里需要系丝带；有时色彩必须丰富，有时色彩必须单一；有时女人们的帽子像车轮一样大，鞋子又像高跷一样高。但是，这一切都只有在女性不能外出工作时才能奏效。

然而，那些需要一直工作的女性，比如工匠、仆人或者农妇，她们完全没有本书中前文所述的那些“时尚衣着”。她们有的只是普通的裙子、束腰，以及传统服饰，最好前面再系一条围裙——这就是几个世纪以来“职业女性”的穿着。

曾经的社会就是如此两极分化，贫富差距把衣着差异划分得格外清楚。终于，从 20 世纪初开始，随着工业的发展，一次次工人运动让平民获得更多的权利，人与人之间更加平等。这让许多女性，包括一些贵族女性，加入了工人阶级。

1914 年，第一次世界大战引发了一场持久的经济危机，这使得那些华而不实的时尚无法再延续下去，人类有史以来最大的一场时尚变革终于来临！

20 世纪 50 年代的经典图案——波尔卡圆点。

跳查尔斯顿舞时穿的流苏裙——每走一步都摇曳生姿。

新世纪——新时尚

女人们的穿着一次又一次被改变。应该穿长裙还是短裙？束腰还需要穿吗？还是只穿一件宽松的上衣就够了？笔挺的剪裁是美还是丑呢？为什么第一次世界大战后，蓬裙和裙撑又出现了一段时间呢？

在历史上，无论男女，穿着都十分“古板”，什么场合穿什么衣服都有严格的规定。特别是在世界格局和经济形势十分动荡的年代，人们更不想因为穿着而引发非议。自19世纪中叶以来，西方男人们的穿着都遵从英式标准，必须穿西装、衬衫和西裤，并佩戴礼帽；而女性的穿着则不断随着时代的变化而变化，成为每个时代的标志和见证。

战时的军裤

虽然曾经有不少设计师尝试过为女性设计裤子，但都没有成功，穿裤子的女人们总要遭到嘲笑。第一次世界大战期间，局面却发生了变化。男人们奔赴战场，无论是城市还是乡村中的女人，都成为劳动力，真正走上社会，她们进入工厂、医院，以及许许多多的社会机构，成为职业女性，女装也迎来了大变革。为了方便走动，裙子上多余的装饰都被去掉，女人们也穿上了军裤，尝到了自由活动的甜头。第一次世界大战结束后，由于面料紧缺，人们无法做新衣服，只能继续穿军装。很多继续投身工作的女人们也直接拿出战时留下的多余的军裤穿了起来。

海盗装和水手服——让女性看起来更像是冒险家。

新的时代

伴随着战争和经济危机而来的，是好布料的短缺，但这却为一位年轻的女帽匠创造了机会，她设计的款式简洁耐看的帽子迅速受到女性的喜爱。之后，条纹水手衫、针织衫、裤子、套装等，也深受女性的喜爱。这些服装剪裁简约，线条清晰，虽然用的不是上好的材料，但却在新的时代广受好评。

此外，她也带动起剪短发的风潮，她还宣称过多的饰品并不时髦，女性应该只戴珍珠项链或简单的首饰。她就是著名的加布丽埃勒·香奈儿女士，她在 1910 年创办了“香奈儿”品牌，并以“可可·香奈儿”的名号被载入时尚史册。她对现代女装的发展有着无可替代的影响。

摇曳的流苏

物资的短缺带来的是人们无限的创造力，刚从战争的恐惧和痛苦中恢复过来的人们迫不及待地开始及时行乐，这就是所谓的“黄金的二十年代”。

20 世纪 20 年代，人们对快乐有一种绝望的痴迷。世界各地的人们都过得非常艰辛，失业、经济危机、不稳定的政治局势都是造成这一切的原因，因此人们希望用舞蹈和音乐来消磨这一切。

来自美国的爵士乐、来自阿根廷的探戈……人们想要随着新的节奏随意跳舞。为此，需要能让腿部自由活动的衣服，于是流苏裙和阔腿裤都应运而生。流苏裙摇曳的流苏和及膝的长度让女人们可以随着节奏摇摆。粗糙的黑色羊毛袜被贴合腿部的丝袜取代，而这么美的丝袜不露出来又太可惜了，于是裙子也越来越短。系带鞋和高跟鞋也让舞姿看起来更美。

宽腰身的直筒型女装是女人们日常的穿着。裙子缩短到膝盖以下，腰身又宽又低。这一时期的女人们不用再追求细腰身或者身体的曲线了，衣裙都直直的，像管子一样。女子体育运动也兴起了，女人们可以穿着长裤、短裤或者裙裤运动。

新的裙子让舞步更加迷人。

儿童的时尚更加婴幼儿化：短裙、短裤配上短袜。

手包、帽子和手笼

女性的配饰也越来越简单。夹在腋下的方形手包取代了 19 世纪浮夸的皮包，简单的手笼更加适合简洁的衣着，帽子盖住了剪短的头发，也使造型更具有整体性。

高级定制时装

自从查尔斯·弗雷德里克·沃思把手工制衣提高到艺术的层次，巴黎在时尚界的地位就从未动摇过。

自1789年法国大革命以来，女性时尚发生了多次变化：首先是帝政风格，然后是克里诺林风格，最后终于走入新时代。几个世纪以来，一直都是贵族们的穿着决定时尚的风向标。

随着19世纪末工业化的进程，市民阶层的财富开始增加，他们也对时装有了更多追求。首先，最需要改变的就是女人们的穿着。新富阶层希望穿出自己的个性，但是那时请一位私人裁缝的开销非常大，更何况，并非每个裁缝都是优秀的服装设计师。

英国人查尔斯·弗雷德里克·沃思在1858年做出了一个影响至今的举动：他在巴黎创造了高级定制时装——也就是出自设计大师的定制服装。

高级定制时装

这位查尔斯·沃思先生不仅是一位出色的设计师，而且还是一位精明的商人。1827年，他出生在英国，19岁只身来到巴黎，在服装店一边当推销员，一边自己设计衣服。1851年英国伦敦的万国工业博览会上，他设计的女装获得了一等奖。7年后，他在巴黎开设了时装店。他的时装店像沙龙一样，装潢、布置都比其他的时装店好，因为他要招揽上流社会的顾客。

查尔斯·沃思是历史上第一位用假人模特展示服装的设计师，也是第一位让真人时装模特一边行走一边展示服装的设计师。他先是把握机会，给奥地利驻法大使的妻子设计了衣服，然后被欧仁妮皇后欣赏，于是欧仁妮皇后也成了他的顾客，甚至维多利亚女王也请他定制衣服。查尔斯·沃思从此名扬世界。

世界各地的贵妇涌入查尔斯的时装店，查尔斯还向成衣商出售他的设计。查尔斯开创了独立设计、专属模特、每年举办时装展等时尚传统。最重要的是，查尔斯使时装高级化，对后来时尚的发展产生了深远的影响。

一个特别的圈子

1868年，沃思的儿子在巴黎创立了法国高级定制时装协会，谁可以进入这个圈子，全由协会的评审委员会说了算，此传统一直保持至今。

创纪录

100000 欧元

一条高级定制的裙子的售价可以达到10万欧元。

如今，高级定制时装秀所展示的时装其实很少有人去穿，首先是因为它们都非常昂贵，其次是因为它们有时非常夸张。

为什么是巴黎统治时装界呢?

17 世纪以来，巴黎一直是裁缝、面料师和制帽师喜爱的城市。这一方面是因为法国国王非常重视时尚，另一方面也是因为法国的手工业行业制度比较宽松。设计师在越宽松的环境下越容易产生灵感。那时的巴黎，可以说是设计师们的灵感之都。

著名设计师品牌

你听说过香奈儿、迪奥和圣·罗兰吗? 他们都是早期在巴黎极具影响力的时装品牌。后来，后起之秀也越来越多。这些时装品牌的服装设计师都是通过绘制线条来创作，也就是描绘出衣服的轮廓。

直到 20 世纪 50 年代，高级定制时装都是时尚的风向标。他们的受众大多是有一定金钱和地位的人。但是在 60 年代，时尚突然变得年轻了起来。来自英国的设计师玛丽·奎恩特设计的“迷你裙”，正是迎合了这种年轻化的品位。其他设计师也开始尝试使用金属配饰和更轻的面料，搭配更适合日常穿搭的剪裁。于是，一种易于穿搭，而且经济实惠的时装应运而生，也就是“成衣”。

华伦天奴、阿玛尼和比亚吉奥蒂等“意式高级时装”也为意大利时装打开了一片新天地，他们在意大利米兰举办时装秀，而不是在法国巴黎。

高级定制时装协会对品牌和设计师有严格的标准：该设计师或品牌至少拥有 15 名以上员工，必须每年在巴黎展出两场及以上的时装秀，每一场都需包含 35 个以上的设计。只有那些常年通过协会审查的品牌，才能称自己的时装为高级定制时装。

可可·香奈儿不喜欢浮夸，她以简约优雅的气质至今影响着女性的时尚。“小黑裙”是她最著名的设计之一。

20世纪30至40年代：实用主义

男人和女人都对山地运动充满了热情。滑雪变成了最流行的运动，小麦色的肤色变成了美的标准。

20世纪初，人们除了跳舞，也开始做一些休闲运动。网球、滑雪、远足、骑行、高尔夫和开车兜风，都是当时的人们热爱的休闲娱乐项目。也许正是因为如此，时尚也在这一时期产生了变化。20世纪20年代起，宽松舒适的针织衫成为不论男女都喜爱的服装，人们甚至可以自己打出一件针织衫来。

风　衣

由于当时的汽车密闭性不好，而驾驶又是一件尘土飞扬的事情，所以那时的人们开车时需要穿一件外套，它们通常是米色的，是由挺阔的平纹布制成的薄外套。另一种大衣在第一次世界大战期间流行起来，它借鉴于那时的军装，至今仍非常受欢迎——这就是我们所说

你知道吗?

在曾经的普通市民阶层里，化妆并不流行，人们认为只有舞女或者演员才会化妆，而这些职业在那时都是不入流的职业。但是在20世纪20年代末期，化妆突然流行起来，厚厚的粉底、鲜艳的口红、高挑的眉毛、描黑的眼线以及红色指甲油都风靡一时。

的“风衣”。20 世纪 30 年代，很多人都以拥有皮草为荣，当然，是真正的动物皮毛做成的皮草——那时的人们还没有保护动物的意识。

细长型女装

20 世纪 30 年代，很多勇敢的女性纷纷穿起了西装西裤，还打领带，戴礼帽，那些不够有勇气穿西装的女性也穿起了衬衫连衣裙。在 30 年代，这是一件颠覆传统的事情，而这样的穿着延续至今。但是总的来说，20 世纪 30 年代的女装还是以细长型的长裙为主。

第二次世界大战前的时尚

第一次世界大战结束后，欧美各国的经济都有所发展，但是 1929 年 10 月，资本主义世界经济危机爆发，这场经济危机影响了全世界，也是第二次世界大战爆发的重要原因之一。在时尚方面，服装厂停产，织布工人失业，高级时装店的顾客也减少了很多，很多高级时装店为了生存下去，开始售卖高级成衣。

第二次世界大战之前，女装的外衣开始扩大肩部，形成宽肩；裙子的长度缩短到了膝盖处。这样的服装像是军服，更加注重服装的实用性。

战争时期的时尚

德国的许多服装设计师是犹太人，他们在第二次世界大战期间惨遭迫害，所以几乎整个德国的时装业都陷入了停滞。受到战争的影响，整个欧洲也是如此。高级定制时装业也暂时停滞，一来是因为几乎没有好用的布料，二来是因为没有人能够支付得起如此高昂的价格。织布厂几乎只为工作制服和军装提供布料，毕竟那时衣服的主要功能是保暖和便于工作。

第二次世界大战真正促成了女装的现代化。战争期间，宽肩的上衣和及膝的裙子流行起来，这种军服式的服装实用性非常强，适合战争期间又回到社会工作的女性。从当时的黑白照片中，可以看到留着短发、穿着军服式服装或长裤的英姿飒爽的女性。同时，就像第一次世界大战期间一样，很多从事工作的女性都穿上了裤子。衬衫、宽大的长裤、靴子、手套，成了女性的工装。

20 世纪 30 年代流行带有刺绣和荷叶边的细长裙子。

多年来男士时尚大体保持不变。

20世纪50年代：衬裙和“卡普里”七分裤

第二次世界大战结束后，世界依然动荡不安。第二次世界大战不仅让时尚业陷入停滞，就连面料行业也陷入了停滞。那时的德国甚至出版过一本书，详细介绍如何用旧衣服做成新衣服。为了节省面料，裙子做得很简单；为了让衣服看起来更厚实，人们在夹克的肩部缝入垫肩。人们参照着来自巴黎的时尚杂志改造自己的衣服，饱受战争摧残的人们不想再穿战时的衣服，他们迫切需要一些新的东西，让自己感受到世界在好转。

20世纪50年代的设计离不开圆点和条纹，以及必不可少的衬裙。

新风貌

第二次世界大战结束后不久，年轻的设计师克里斯汀·迪奥受到资助，得到了展示自己设计才能的机会。一套清新出众的设计结束了战后糟糕的时尚局面。自然的肩线、收紧的腰身、被衬裙撑得膨大的长裙，这样的设计让人们眼前一亮，受到了热烈的欢迎。这种设计被称为“新风貌”。迪奥因此一举成名，引领起第二次世界大战后的时尚。

但是女人们为了穿上这套衣服不得不再次穿上束腰。并且，当时有批评家认为这样的裙子浪费了太多面料。后来，迪奥又设计了铅笔裙，这种裙子包紧臀部，裙子背面的中央有开衩或是打褶，使女人们穿上既可以正常行走，又可以保持优雅的姿态，只是女人们穿着这样的裙子想要坐下就有点困难了。

迪奥一直在不断推出新的服装造型，他成名于第二次世界大战后，顺应了人们对美好事物的渴望，对第二次世界大战后的时尚发展有着重要影响，以他为首的一批服装设计师，将高级时装业再次带向顶峰。

克里斯汀·迪奥在第二次世界大战后创造了一种新的优雅。

细高跟和尼龙丝袜

战后有一项新发明立刻广受欢迎，它就是背面有接缝的尼龙丝袜。它的颜色贴近肤色，穿上后使女人们看起来非常妩媚，尤其是在和当时流行的细高跟鞋搭配时。

“卡普里”七分裤和平底鞋

高跟鞋配丝袜的新造型对于年轻女孩来说过于成熟，不过她们在意大利的卡普里岛上找到了属于自己的新造型。卡普里岛上的渔民常穿的只到小腿中部的裤子成为年轻女性理想的裤子版型。“卡普里”七分裤搭配平底鞋，这样的造型流行至今。

另外，当时人们的穿搭也受到巴黎的文艺街区蒙马特高地以及港口城市马赛的影响，许多人穿着黑色高领毛衣搭配黑裤子，还有像水手服一样的条纹毛衣。这种时尚至今仍是经典。

衬裙和马尾辫

介于年轻和成熟之间的一种时尚悄悄流行起来，它就是下摆展开的收腰裙子，最好还带有许多褶皱。人们既希望能让裙子保持蓬起的状态，又不想穿回曾经风靡一时的硬邦邦的裙撑，因此取而代之的是由许多蕾丝和薄纱层叠制成的衬裙，把它穿在裙子里面可以让裙摆显得蓬松又摇曳。另外，当时最受年轻女子欢迎的发型是马尾辫，成熟女性则流行烫卷发，或头发在头顶高高盘起并用发胶固定的发型。

“卡普里”七分裤配平底鞋在今日也不过时。

有趣的事实

在腿上作画

那时的人们对尼龙丝袜的追求真是狂热，那些买不起尼龙丝袜的人会把腿涂成棕色，还会用眉笔画出缝纫线。

时尚品牌和模特

谁是最著名的设计师？这个问题太难回答了，自高级定制时装诞生以来，各种品牌层出不穷，有时这个更有名，有时又是另一个更有名。但的确有一些毋庸置疑的著名设计师。

卡尔文·克莱恩因中性风而著名。

维维安·韦斯特伍德喜欢朋克风。

拉夫·劳伦偏爱运动风。

圣·罗兰设计的短裙造型。

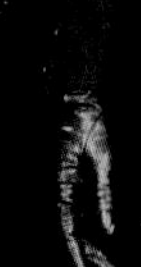

克劳迪娅·希弗（右）和奥黛丽·赫本（左）身着香奈儿时装。卡尔·拉格斐（中）是香奈儿的首席设计师。

设计师

创建了香奈儿品牌的可可·香奈儿无疑是20世纪初以来最具影响力的设计师之一。1983至2019年，卡尔·拉格斐是香奈儿品牌的首席设计师。香奈儿始终举世闻名，引领时尚，而卡尔·拉格斐也是影响时尚界最久的设计师之一。

继可可·香奈儿之后，克里斯汀·迪奥在第二次世界大战后也凭借自己设计的时装掀起了时尚界的第二次改革。第三次改革要归功于圣·罗兰，这个品牌设计出了女士经典的西服西裤套装。

凯特·摩丝一直都是世界上最著名的模特之一。

音乐与时尚

来自英国的设计师维维安·韦斯特伍德是最疯狂的设计师之一。她曾是一位教师，她对20世纪70年代的时尚感到厌烦，于是和她的丈夫马尔科姆·麦克拉伦一起，为摇滚乐队设计服装。摇滚乐队穿着他们设计的衣服演出，从此朋克服饰一炮而红——破洞衣服、撕裂的边缘、别在衣服上的别针以及破旧的T恤都由此而来。维维安·韦斯特伍德被誉为“朋克女王”，一直通过大胆创新来打造独特的风格。

干净风回归

卡尔文·克莱恩和拉夫·劳伦又引领了另一股风潮，它们以学院风、运动装和休闲款式为主。这种干净整洁的风格，是一种来自美国东海岸的时尚。

模特和设计，相互成就

20世纪上半叶，随着时装品牌的增多和繁荣，模特和时装表演也发展了起来。品牌都会聘用模特，在时装秀上展示新的服装，很多模特会因为优秀的表现或独特的风格而受到品牌的喜爱。有在伸展台上走秀的模特，也有拍摄海报、杂志的平面模特。1928年，美国纽约出现了世界上第一家模特经纪公司，这表示模特行业和时装表演行业真正发展了起来。20世纪70年代后，很多模特都成了明星。

娜奥米·坎贝尔、海蒂·克鲁姆、凯特·摩丝、克劳迪娅·希弗虽然都是模特，但不仅仅因为当模特而出名。娜奥米·坎贝尔因为长相充满异域风情，令人印象深刻；海蒂·克鲁姆因为模特比赛节目而出名；凯特·摩丝因为一直以来不同凡响的穿衣品位而出名。许多著名的模特成为品牌的代言人。设计师的灵感有时也因模特而来，比如克劳迪娅·希弗就常为卡尔·拉格斐带来灵感，模特就像是设计师的缪斯。

时尚明星

奥黛丽·赫本、杰奎琳·肯尼迪、麦当娜、Lady Gaga和凯特王妃有什么共同点？她们都穿着知名时装设计师设计的衣服，在各类杂志报纸上展示她们的美貌和风采。例如，20世纪50年代，奥黛丽·赫本身穿小黑裙和“卡普里”七分裤的形象深入人心。这些时尚女性被称作时尚明星。

歌手麦当娜在她的舞台表演中的穿着都非常前卫大胆。

淑女装一直很受女性欢迎。

朋克风让音乐和时尚相辅相成。

许多时尚元素都来自音乐界，比如ABBA乐队表演时的服装。

60年代短裙搭配贝雷帽的造型。

80年代经典造型：宽腰带搭配大波浪长发，这种时尚来自电影《查理的天使》。

比衣橱还宽的外套——20世纪80年代的夹克。

享受穿衣自由

撞色设计和厚鞋底！

20 世纪 60 年代，那些曾经统治人类几个世纪的服装“法规”终于结束了！历史上，贵族曾经希望通过衣着来把自己和平民区分开，平民曾经有不被允许穿的颜色和面料。那些“谁在什么时候穿什么”的规定统统在这个时期烟消云散。

虽然早在 19 世纪，法国女诗人乔治·桑（1804–1876）就在穿长裤，但是直到 20 世纪 20 年代初，女性穿裤子这件事才慢慢被大众接受。

当人们谈到 20 世纪 60 年代的各种变化时，其中就包括不再生活在条条框框里的精神。20 世纪 60 年代，全世界都掀起了一场“年轻风暴”，这是因为，第二次世界大战后生育高潮中出生的孩子，在 20 世纪 60 年代正好进入青春期，很多国家的青少年人口在这段时间都大幅增加。年轻的消费阶层崛起，年轻人开始引领时尚。

那时，披头士乐队在英国声名鹊起，欧美很多国家成千上万的学生走上街头抗议美国正在进行的越南战争，年轻人变得叛逆。这在服装上也有相应的体现：牛仔裤、迷你裙、印度风、运动衫和宽松的造型都反映了当时的社会状况。甚至在巴黎还有一些塑料和纸质衣服出现。每个人都可以随心所欲地穿衣服，这样的多样性延续至今，人们等不及拥抱前所未有的穿衣自由。

年轻人的偶像——詹姆斯·迪恩。

热烈的色彩加上印度印花——20 世纪 60 年代嬉皮士的经典穿着。

20世纪60至70年代：街头与自由

东方风、印度风以及马戏团一样的杂耍风，配上大胆的色彩：这一切混合出了嬉皮士时尚。

当年轻的玛丽·奎恩特于1955年在伦敦开设她的第一家店铺时，谁都没想到她的设计会对今天的时尚产生深远的影响。是她彻底摒弃了50年代的衬裙，设计出了迷你裙。她将所有裙子做得要多短有多短，以至于全世界都为之哗然。不过，反对的大多是不能穿这种迷你裙的人，而年轻女性很喜欢这种新风格。没过多久，许多女性都换上了小短裙。

街头时尚

流行音乐歌手引领了20世纪60年代的时尚，年轻的歌迷们为之疯狂。在披头士乐队最初几年的演出中，他们仍然穿着修长的西装裤，但很快他们就穿着彩色的喇叭裤出现在人们面前。这可能是因为歌迷穿着宽阔的裤子随歌曲摇摆时的样子让设计师有了灵感。同样的潮流也由大门乐队、滚石乐队和深紫乐队引领起来。他们还戴着超大号的眼镜，穿着彩色图案衬衫，手上还戴着戒指。这是历史上首个从街头人群中寻找灵感的时尚潮流。

模特崔姬的迷你裙造型深入人心。

有时人们对政治的态度也影响了时尚，人们反对循规蹈矩，反对墨守成规。很多人加入了共产党，人们把目光投向工人阶级，于是也喜欢上了工装裤。李维·施特劳斯一个世纪以前设计的牛仔裤终于在60年代脱颖而出，走向辉煌。

来自法国的棉制品

1847年，李维·施特劳斯移民到了美国。1853年，这个做帆布生意的犹太人趁着加利福尼亚州的淘金热前往圣弗朗西斯科。他把一批滞销的帆布做成几百条裤子，卖给淘金者。一夜之间，这种工装裤的需求量大增，于是李维创立了一家裤子工厂。

当时的帆布虽然结实耐磨，却肥大单调，无法像柔软的布料那样，设计出美观又合身的款式。于是李维开始寻找新的面料，他发现法国有一种蓝中带白的斜纹粗棉布，即结实又柔软。李维决定从法国进口这种名为“尼姆靛蓝斜纹棉哔叽”的面料，专门用于制作工装裤。

用这种新式面料制作出来的裤子，再次受到淘金者的欢迎，牛仔裤就这样诞生了。到了20世纪70年代，牛仔裤之风从美国的淘金者

穿上牛仔裤仿佛就能感受到来自美国西部的时尚。

络腮胡配西装，长卷发配迷你裙：许多人都照着流行乐队比吉斯的模样打扮自己。

蔓延到了欧洲时尚界，牛仔裤终于在世界上流行起来。

穿你喜欢的衣服

20 世纪 70 年代，人们都穿着自己喜欢的衣服，时尚风格如此之多，以至于没有人确切地知道什么是流行的趋势了。设计师们从东方服饰、俄罗斯服饰以及印度服饰中取得灵感，各种短裙、长裙混合着花朵、花边、皮毛等，有的浪漫，有的狂野，各种充满想象力的组合应运而生。这样的时尚又恰恰和当时的国际局势不谋而合。

1973 年 10 月，第一次石油危机爆发，引发了第二次世界大战后资本主义世界最大的一次经济危机。服装与社会形势有着千丝万缕的联系，政治、经济、文化等方面的变动都会反映到当时的服装上。石油危机和经济危机使人们不再追求高消费，同时也意识到了能源的有限和保护环境的重要性，于是人们的服装也更加随性、轻便和充满变化。

宽肩膀时尚

20 世纪 70 年代，男装时尚也不甘落后。西装的肩膀越来越宽，如同穿上了盔甲，另外还要配上一条宽宽的领带。而裤子则是腰部紧，裤腿宽。运动装变得越来越流行，最好是闪亮的化纤面料。男人和女人都留着蓬乱的卷发，女人们还喜欢把头发烫成大波浪。

彩色的叛逆者

与休闲风和西装打扮截然相反的就是朋克风了。彩色爆炸头搭配破洞衣服和铆钉皮带，脚上再配一双马丁靴。即使是再宽容的父母看见这副打扮也会按捺不住。

20 世纪 60 年代，年轻人要穿有个性的鞋！

马丁靴成为朋克一族的时尚。

20世纪80至90年代：职场和新潮

在20世纪80年代，女性时尚走出了自己的独特道路。这是女性全面走入职场的时代，发展事业变成了许多女性的最大心愿。女人们不愿意放弃短裙，但为了在职场上得到必要的尊重，她们希望让自己的肩膀看起来更宽，于是出现了宽阔的上衣搭配短裙的职场装扮，再加上一条宽腰带，既能体现出上身的力量感，又能体现出细腰，这种宽肩与沙漏形相结合的造型一时间广受欢迎。而且这种服装的面料与男士西装的面料相同，有时甚至更厚，因此颇受职场女性的喜爱。

这一时期的女装，不管是搭配短裙的外衣，还是秋冬时节的大衣，都有着宽宽的肩部。

职场宽垫肩造型

粗眼线配油头，宽腰带和宽垫肩——夸张的20世纪80年代造型。

雅皮士和休闲装

长裙裤和短裙裤也在那时的时尚中占有重要的地位。黄色羊绒衫搭配浅蓝色衬衫，或者polo衫、牛仔裤搭配乐福鞋，这样的装扮成为"雅皮士"的经典装扮。"雅皮士"指的是年轻的城市白领群体。雅皮士风格至今仍然存在。

80年代中期，很多人认为公司的着装要求过于严格，无法使员工适当放松，于是美国首先出现了"休闲星期五"的概念，意思是周五这一天人们不必穿着笔挺的西装来办公，而是可以穿便装、棉质长裤，不打领带，还可以穿软皮鞋或者运动鞋。

地下时尚和迷彩图案

穿运动鞋不系鞋带，裤裆挂到膝盖处，这样的潮流在90年代后期的男青年中蔓延开来。这是一种地下时尚，因为它的灵感来自少年监狱。在监狱里，为了防止犯人伤害自己和他人，犯人不能系鞋带和腰带。当时年轻人爱穿的吊裆裤就是由此衍生而来的。受到海湾战争的影响，军用迷彩图案也成了流行的元素。

直到今天，大卫·鲍伊仍被认为是80年代的时尚偶像。

受到朋克和太空探索的影响，在20世纪80年代初期，英国流行格子裤搭配个性张扬的上衣。

鲁布托以红鞋底和细高跟出名。

在复古和新潮之间流行

20世纪80年代中期，颓废风、复古风的时尚风靡一时，这种风格也和音乐界息息相关。摇滚乐、嘻哈音乐都带动了时尚的变化。看起来皱巴巴、脏兮兮的面料变得十分流行，黑白灰为主色调的时装创造出独特的效果。但是为了让褶皱好看，对衣服的材料要求很高，导致衣服价格也不便宜。

服装设计师的时尚理念也呈现出多样化。有的设计师受到太空探索的影响，将宇宙的元素加入服装中；有的设计师热衷于波普艺术风格；还有的设计师喜欢几何风格，或者给服装增加各种金属元素。迪斯科风格的衣服也流行起来。这当中有很多风格是20世纪60年代和70年代风格的再现。新潮与复古在时尚中共存。

20世纪90年代——越来越轻松！

随着计算机进入人们的工作和日常生活，人们的工作方式和生活方式都被改变了。你可以同时做很多件事情，比如边听音乐边写作，边画图边发送邮件，人们可以待在室内，同时和外界保持联系。“多任务处理”变成了一个流行的词汇。也许人们的衣着方面也是受了“多任务处理”的影响，叠层式的穿搭变得流行起来。人们可以叠穿T恤和毛衣，而且最短的衣服总是在最外面，毕竟这样才能显示出你叠穿了很多件。

还有一种以吉尔·桑达的设计为代表的极简主义浪潮悄悄开始走红。另外，利用可再生材料制成的衣服又一次让“颓废风”成为流行。新一代设计师杜嘉班纳和缪西娅·普拉达等人，开始征服T台。

流行风格变得越来越轻松，女人们的上衣变得越来越短，而裤腰变得越来越低，仿佛全世界都在为露出肚脐做准备。

20世纪90年代，说唱歌手风格和青春校园风格征服了时尚界。

偷偷摸摸的人？

很长一段时间里，穿西装搭配运动鞋被认为是一种叛逆的行为，这么做的人是为了反对传统。而如今穿运动鞋已经成为流行，人们已经无法想象没有运动鞋该如何生活。

运动鞋是胶底的，走起路来声音很小，所以起初人们把运动鞋叫作“sneaker”，意思是偷偷摸摸的人。

模特的衣服是怎样做成的？

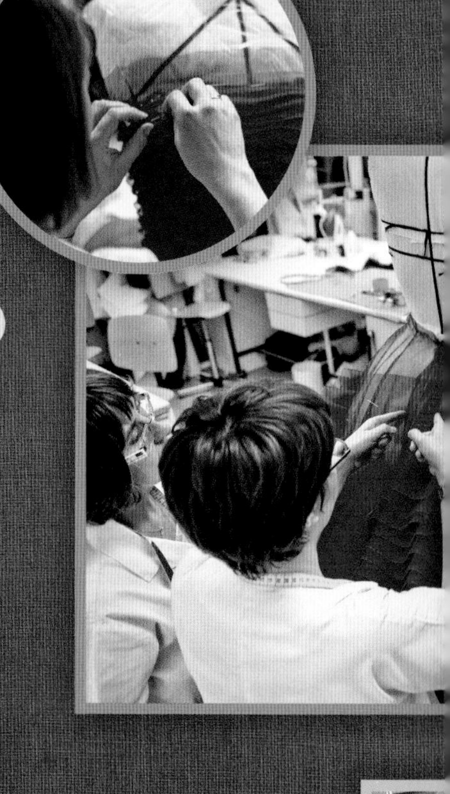

模特身上的衣服是如何设计和剪裁的呢？

想成为服装设计师的人要去学校学习专业的时装设计知识。巴黎 ESMOD 高等国际时装设计学院、伦敦的中央圣马丁艺术与设计学院、比利时的安特卫普皇家艺术学院等，都是著名的服装设计院校。

从剪裁到设计

时装设计和绘画、剪裁、艺术创作有着密不可分的关系，所有时装学校都有严格的录取流程。为了设计出既美观又有自己风格的衣服，剪裁能力和服装设计能力一个都不能落下。

顺应时代

1858 年，高级定制时装在巴黎被创造出来时，没有人会想到时尚会成为一种产业，或者一门艺术。

法国人保罗·普瓦雷被誉为是高级定制时装的鼻祖。1904 年，他在巴黎开设了自己的时装店。1909 年，俄罗斯芭蕾舞团在巴黎亮相，他们的演出服装给保罗·普瓦雷留下了深刻的印象，于是他以此为灵感设计了许多服装。一开始，这些设计很受欢迎，然而随着时代的发展，人们不再喜欢他的设计了，但他仍然固守己见，坚持自己的设计美学。

就在这时，一位强有力的竞争者出现了，她就是可可·香奈儿。普瓦雷的晚年穷困潦倒。这虽然是一个悲惨的故事，但也说明时尚必须与时俱进。一些设计师不惜雇佣专人，在世界各地探寻新的潮流动向。还有一些设计师的灵感来自从前的时尚或者其他国家的传统服饰。

裁缝的重要性

不是每个裁缝都能当设计师，但设计师必须是一个优秀的裁缝。当设计师完成设计初稿后，需要剪裁出一个样品，这时需要设计师知道哪里需要缝制，哪里不需要。在设计师完成样品时，还需要决定面料和颜色，通常他们会在衣服样品边上粘上一小块织物样品。于是，模特的衣服模版看起来会像一个巨大的草稿本，旁边有许多注释和说明。

构思、草图和样品

在做第一件样品时，设计师通常会进行许多不同的尝试。有的部分没有完成缝制，有的部分被剪掉了，所以通常第一件样品看起来像是一只毛被拔得七零八落的鸡。当这些“小瑕疵”被逐一解决后，一件真正的衣服才基本成型。一件高级定制时装，不仅需要经过基本的剪裁、缝纫，还需要添加刺绣或者蕾丝等细节，这需要设计师对细节有完美的把控。

1

先在图纸上设计出草图，然后讨论材料和剪裁。

2 缝制出基本形状后，在人体模型上合身剪裁。

3 从最初设计到服装在时装秀上展出，必须遵守严格的时间安排。

4 决定哪个模特穿哪件衣服。

模特试穿

下一个重要的时刻就是在模特试穿这件衣服时，为模特贴身缝制这件衣服。

当这些步骤都完成以后，衣服会被装进一个透明大袋子中，确保在时装秀前不会被弄脏。

5 亮点永远是晚礼服或者婚纱。

不再受束缚的时尚

也许只能用这句话来总结2000年以来的时尚——每年都有新时尚产生。

时尚的流动性变得更强，无法用一个简单的概念来总结时尚的样子。街头元素、互联网元素、青年元素以及全球化进程，生活的方方面面都可能对时尚带来影响。每个人都可以创造自己的时尚。人们既可以选择追随高级定制时装创造的造型，也可以通过自由剪裁等方式大胆混搭，打造自己的造型。总而言之——一切皆有可能。

千禧年

9·11事件让人们渴望回归家庭和拥有安全感。在时尚方面也有回归复古造型的趋势，整体风格更加浪漫，衣着的性别区分也重新明确起来。

睡衣时尚

时尚是个圈，那些曾经在古代流行过的胸前系带的裙子和上衣又重新流行起来。曾经的帝政风格淑女连衣裙和娃娃装衬衫成为2004年的时尚。这种风格被叫作睡衣时尚，因为这些衣服看起来和睡衣十分相似。

2000 2001 2002 2003 2004 2005

坏小子造型

造型重点：露出肚子。低腰宽松牛仔裤搭配短一截的上衣。休闲时尚中服装性别逐渐消失，这意味着休闲男装和休闲女装没有太大差别。职场女性流行穿香奈儿那样的粗花呢套装，但是在边缘和接缝处需要有一些流苏。

无国界时尚

飘动的东西总是美丽的，比如印度风或者民族风中飘动的丝带、摇曳的衣角。人字拖与这种时尚也能相得益彰。

混搭时尚

混搭是属于这个时期的潮流。颓废风、摇滚风与浪漫主义混搭，经典与性感混搭，印度风和西装混搭，昂贵和廉价混搭，丝绸和牛仔混搭……这是一个极具创造精神的时代。

紧身裤

紧身打底裤成为时尚，与之搭配的是长衬衫和尺寸过大的毛衣或者卫衣。与此同时，紧身牛仔裤也开始流行。

白睡裙风

白色是这一年最流行的颜色，一切浅色都开始流行。浅色衣服让女孩子看起来更温柔。平底鞋也开始流行。超大号的包与这样的装扮形成鲜明的对比。

紧张感消失

嬉皮风、民族风、运动风、优雅风时常穿插出现。男装方面，深色西装外套和修身西裤开始流行，裤腿窄短的西裤搭配粉色或印花衬衫让西装的紧张感消失。

2006 2007 2008 2009 2010 2011

休闲风

时尚变得越来越休闲：连帽衫、印花T恤、棒球帽、墨镜，这些都是经典的休闲造型，一切都看起来像是在度假。做旧的破洞牛仔裤也很流行。

高贵优雅

优雅风和昂贵的材料再次流行起来。鞋跟越变越高，长靴也变成抢手单品。

各种风格傻傻分不清

各种混搭无处不在，高级定制时装也热衷于营造休闲和优雅的感觉。而快时尚品牌经常借鉴大品牌的设计。印花连衣裙、真丝蕾丝花边、飘逸的造型和有层次的叠穿都是流行的趋势。其他风格也越来越多：帆布包、印花衬衫加紧身裤、所有衣物都过大的嘻哈风、美国东海岸学院风、哥特风、摇滚风和金属摇滚风……当然，各种风格相互混搭也可以形成另类的风格。

绿色时尚

“绿色时尚”的意思是绿色的衣服吗？有时候是的，但更多的时候，是指一种绿色环保的时尚意识，也就是尊重自然、可持续发展，把生产服装消耗的资源控制在一定范围内。虽然人们都喜欢漂亮衣服，但是也别忘记，生产衣服通常都会造成一系列的生态污染。如今，人们可以在保护生态的前提下生产衣物，越来越多的设计师开始使用环保材料创造绿色时尚。近些年也有许多大设计师加入此行列，柏林时装周期间还会举办一场“绿色时装秀”。

另一方面，快时尚企业会刺激人们频繁购买新衣服，并扔掉旧衣服。不断增加的衣物垃圾会给环境造成极大的压力。一些快时尚企业甚至会经常焚烧大量未售出的衣物，造成土壤和空气的污染。根据美国《福布斯》杂志 2017 年的一项调查，每年全球有超过 1500 亿件服装被抛弃。因此，节约衣物、减少不必要的购买，也是一种绿色时尚。

糟糕的生产环境

很多服装是在发展中国家生产的，有的服装厂生产环境恶劣，工人的薪资也很低。2013 年，孟加拉国一家纺织厂坍塌，造成 1000 多名工人死亡。这场事故让许多时装品牌承诺改善服装生产环境，提高工人的工资和其他保障。

生态消耗

生产一件衣服对生态的消耗越多，对环境的危害就越大。如果一件衣服从生产到销售绕过了半个地球，那么它就消耗了大量的资源。这些资源大多来自石油，石油是不可再生资源。

一件服装，从原材料的生产，到服装的纺织、印染、包装、运输、销售，每一个环节都可能产生很大的污染。

因此，我们在购买衣服时应该注意衣服的产地，尽量选择离自己更近的产地生产的衣服。

有些牛仔裤在生产时会消耗大量的水。为了让牛仔裤看起来破旧，还需要使用喷砂机和漂白剂。这都需要消耗大量资源，造成环境污染，而且还会给裤子添加许多化学试剂，安全性也值得怀疑。

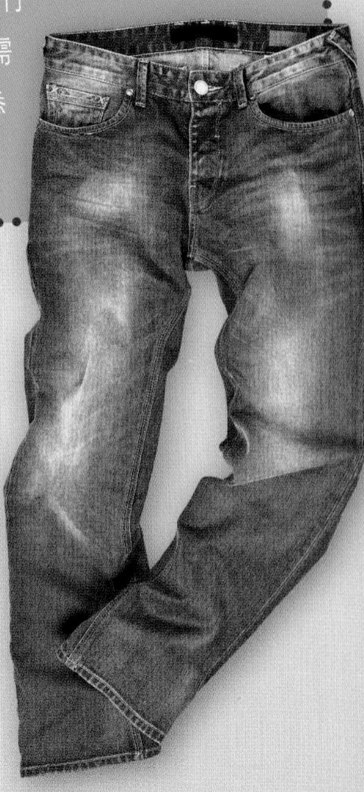

衣物交换和二手衣物

如今我们买衣服不仅是因为以前的衣服小了或旧了，也是为了使衣柜里的衣服更丰富。如今有了网络二手交易平台，我们整理出来的旧衣服就不用扔掉了，而是可以在平台上进行交换。这样我们可以减少购买新衣服，节约资源，更加环保。现在还有一些实体二手衣物商店，为旧衣服找到新的主人。

智能面料

能防止晒伤甚至防火的面料真的存在吗？可以监测心率、体温或血压的衣服，它们真的可以帮助健身爱好者和心脏病患者吗？如今，这些衣服不再停留于科幻小说里，而是已经实际存在了。许多针对智能纺织品的研究正在如火如荼地进行。有的品牌致力于让服装和鞋子具有某种功能，例如防雨、防潮又可以保持透气的功能。

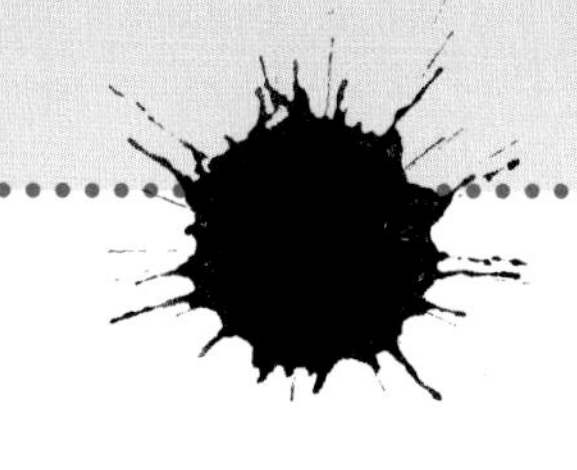

为什么环保衣物很少是黑色或者白色？

白色衣服通常必须经过漂白才能变得亮白，漂白的过程一般需要用到大量的水和化学品。黑色衣服则需要经过非常不环保的染色过程。

塑料瓶做出的时尚

羽绒服中蓬松的羽毛干得很快，也非常保暖。同样性能的衣服也可以通过回收的塑料瓶制成。唯一的缺点是它们很容易着火。

环保棉

为了让棉花茁壮成长，需要用到大量化学肥料和杀虫剂，它们会给土壤和地下水造成污染。

而环保棉的种植会避免使用这些化工产品，这会降低棉花产量，所以环保棉价格会更高。但是为了能得到一件对环境污染更小的衣服，多花一些钱也是值得的。

你知道吗？

棉花种植需要大量的水，如果种植区本身没有充足的水资源，就必须进行人工灌溉，这对于一些种植区来说需要消耗大量资源和资金。而种植亚麻并不需要大量的灌溉水，因此亚麻是一种非常环保的材料。

塑料袋做成的衣服还可以防雨！

时尚圈的人和物

年轻的时尚博主：泰薇·盖文森。

我们如何了解当下的时尚呢？每年不仅有高级定制时装周，也会有高级成衣时装秀。巴黎、纽约、米兰、伦敦四大时装周，就是发布高级成衣和进行交易的时装周。这些时装周一般每年举办两次，通常在 2 月或 3 月举办当年秋冬时装周，在 9 月或 10 月举办次年的春夏时装周。每次在大约一个月内相继会举办 200 余场时装发布会。

巴黎高级定制时装周的时间和高级成衣时装周的时间不同，巴黎高级定制时装周每年 1 月发布当年春夏高级定制系列，每年 7 月发布当年秋冬高级定制系列。因此，在巴黎高级定制时装周的秀场上发布的系列，再过一两个月就是应季时装，而不会像四大时装周一样提前半年就开始发布。

虽然能去时装周的现场观赏时装秀的人少之又少，但是观众席中有许多时尚记者和时尚评论家。此外当然还有各路名人，有的来自贵族，有的来自演艺界，他们未来在某些场合会穿上这些模特身上的衣服。

如今还有一类不能忽视的时尚圈人物，他们是随着网络兴起而出现的时尚博主和穿搭博主。比如泰薇·盖文森，她从 12 岁就开始写自己的时尚博客，现在她变成了可以坐在秀场第

安娜·温特

与多娜泰拉·范思哲——时尚界的两位重量级人物。

一排观赏时装秀的重要人物。

还有一类人是“时尚受害者”，他们盲目追求每一种潮流，为之付出许多金钱；另一些则是真正花得起大价钱买下高级定制时装的人，全世界大约只有 500 人可以承担得起这样的消费。

快时尚

当查尔斯·弗雷德里克·沃思推出了高级定制时装，让那些富有的人享受到单独定制礼服的待遇时，他似乎也定义了时尚的节奏：每六个月推出一个新的流行趋势。这些在巴黎、米兰、伦敦、纽约、柏林、上海等时装周上展示的衣服其实只是代表了一段时间的时尚趋势。

但因为越来越多的风格层出不穷，没有多少品牌能做到一年只推出两次新衣服。在一场精彩的服装秀之后，快时尚品牌的设计师们就开始忙着把大牌的设计修改成容易穿搭的，最重要的是价格实惠的款式，并以一年 12 次的频率源源不断地更新店里的时装系列。这些新衣服看起来如此诱人，但在购买时别忘了：很多廉价的服装都是在非常恶劣的生产环境下生产出来的，其中的环境和安全问题不可忽视。

许多时尚品牌主要靠香水挣钱。

时尚评论家

说起时尚界最有话语权的女性，就必须要提到时尚杂志《*Vogue*》美国版的主编：安娜·温特。电影《穿普拉达的女魔头》就是以她为原型，塑造了一个严厉但又非常时尚的时装杂志主编。她出生于 1949 年，但如今在穿着上仍然无可挑剔。她令所有设计师又爱又恨，她的评论几乎可以代表时尚界对于设计师和设计的态度。另一位“时尚教母”是来自伦敦的苏西·门克斯，她撰文评论全球的流行时尚动态，她对时尚的评论尖刻严厉又妙趣横生。

时尚杂志

《*Vogue*》是全球最具影响力的时尚杂志之一。它于 1892 年在美国创刊，后来又创建了很多符合不同地区审美的版本。不约而同的是，大家都为能够登上这本杂志为荣。然而天下没有免费的午餐，商家为了让新品登上这本杂志的封面，不惜支付巨额的广告费用。

时装秀

举办一场时装秀的成本可能高达 100 万欧元。谁来为此买单呢? 当然是时装品牌自己来支付这样的费用。这样，你就可以理解为什么他们的一件高级定制时装定价能高达 10 万欧元了吧? 当然，每家品牌还会推出价格相对较低的“高级成衣”系列，这是他们收入的主要来源，另外还有很大一部分收入来自利润极高的香水。

人们通过时尚杂志了解世界各地的时尚界正在发生的新鲜事。

聚光灯下的时尚

真正可以去观赏时装秀的人少之又少，所以拍好现场的照片就显得尤为重要。专业摄影师们扛着“长枪短炮”来到现场，他们必须在极短的时间内拍出设计的优秀之处。因此模特、背景、光线和造型都起着极为重要的作用。

时装摄影

早期时装杂志是用绘图展示时装的，20世纪初，以《时尚芭莎》和《*Vogue*》为首的一批时尚杂志开始刊登时装照片。一开始的摄影机非常笨重，随着摄影设备越来越便携，越来越高级，拍照也变得普及。20 世纪 20—30 年代，时装摄影变成了一种艺术形式。然而真正让时尚摄影开始繁荣的是 20 世纪 80 年代的时装广告摄影。模特们拍照邀约和秀场邀约不断，收入不菲，他们本身也变成了时装品牌的代言人。模特成为巨星的时代开始了。

造型师的化妆包看起来像画家的工具包，每一个刷子都有专门的用处。

经纪公司和模特

每个模特都有一套专属卡片，上面不仅有漂亮的照片，展示模特的风采，还记录了模特的身高、体重、衣服尺码、头发的颜色和长短以及鞋码等信息。经纪公司负责将这些信息转达给客户，也就是品牌公司、广告公司或者杂志社。在拍摄地点，模特的经纪人、模特、客户以及摄影师等人都会到场，这是一个庞大的合作团队。

庞大的团队

庞大的团队中有灯光组，他们有打光和反光道具等，还有鼓风机，负责让模特的头发飞舞起来。在此之前，造型师和化妆师对发型和妆容进行打造，另一些造型师负责搭配鞋子和饰品。每一个细节都是经过精心设计的，因为照片不仅可以显示出身材，就连脸上的毛孔都会一清二楚地呈现出来。最后照片呈现在杂志等地方时，不仅摄影师，所有参与者都会被提及，他们共同确保拍摄的照片完美无瑕。

过度瘦身和厌食症

以色列是第一个以立法形式禁止模特过度瘦身的国家。模特伊莎贝尔·卡罗 13 岁就患上了厌食症，去世时年仅 28 岁。这引发了人们对过度瘦身和厌食症的关注。那些严格要求模特瘦身的经纪公司因此声名狼藉。时尚界的病态瘦身现象和媒体对美貌和瘦身的过度宣扬，也是世界各地年轻人有身材焦虑和容貌焦虑的重要原因。还有很多人过于追求时尚，导致自己入不敷出，身体和精神也都受到伤害。

你大概难以想象，一张漂亮的照片其实是在乱糟糟的环境中拍出来的。

时尚能够反映出时代的特点，也能够给人们美的享受，或者给人们带来自信。但是，过度消费、攀比消费、盲目追求美貌、盲目瘦身也给很多人，尤其是年轻人造成不良后果。浪费衣物和不环保的服装产业也会给环境带来危害。因此，人们在欣赏和感受时尚的同时，也要注重自己的身体健康，懂得接纳和珍爱自己，养成合理的消费习惯。

小知识

为什么摄影师总是穿黑色的衣服？因为黑色吸收光而不反射光，是对曝光影响最小的颜色，摄影师依靠曝光表的数值为相机设置合适的光线。摄影棚里通常很黑，只有被拍摄的人或物会被照亮。

背景板使摄影师拍出只有模特没有布景的照片，这种照片叫作平面照。最简单的背景板就是一面白墙了，摄影师可以用白墙拍出简单的平面照。

姓　名：艾莎·辛格尔
年　龄：5岁或6岁
爱　好：吞吐针线

亲爱的缝纫机小姐，您会用“勤奋”这个词来形容自己吗？

那当然！作为一台缝纫机，我每天都过着非常忙碌的生活。我可以比熟练的裁缝多做5倍的活，他们每分钟最多只能缝50针。

是谁发明了您呢？

1790年，有人用木头造出了第一台缝纫机，但它只用来制鞋。然后在1846年，美国人伊莱亚斯·豪发明了我的前身：可以批量生产的缝纫机。但一开始他并没有得到专利权，越来越穷，直到专利申请成功，他才终于变得富有。

那现在呢？

今非昔比了！从前家家户户都有我，而现在我只能躺在博物馆里落灰。大多数人根本不会用缝纫机了，也没有多少厂家在生产缝纫机了，现在大部分的衣服从钉扣子到刺绣，都是全自动生产的了！

您有什么建议呢？

请勇敢尝试使用我们吧，就算有时会被我们扎到手，但自己做衣服是一件非常有趣的事情哟！

从皮革到绣花鞋，时尚已经走过了漫长的道路。

名词解释

古希腊：从公元前3000年的爱琴海文化发展而来。公元前5世纪中叶，古希腊的政治、经济和文化高度发展。公元前146年，古希腊被并入古罗马版图。

希　顿：由羊毛或亚麻织成的长袍，是古希腊服装的重要组成部分。

古罗马：指公元前8世纪在意大利半岛中部兴起的文明，后扩张为地中海地区的大帝国。476年，西罗马帝国灭亡，标志着古罗马时代的终结。

托　加：古罗马服装中最有代表性的衣服，长度可达5米。

丘尼卡：古罗马时期男性的宽大、袋状的贯头衣。

帕　拉：古罗马时期女性的外衣。

中世纪：一般以476年西罗马帝国灭亡至15世纪末大航海时代或1640年英国资产阶级革命，为欧洲中世纪之时限。

哥特式时期：13—15世纪初期，哥特时代的服装较过去更加豪华多彩。

科　特：中世纪时期一种男女同形的筒状新式外衣。

紧身长裤：中世纪欧洲贵族男性的下装，两条腿穿不同颜色的紧身长裤更显高贵。

普尔波万：14世纪中叶男子紧身服装，衣长至臀，胸部有填充物，腰部收紧。

胡普兰衫：15世纪前叶欧洲非常流行的宽大外套。

汉　宁：13—15世纪女性佩戴的圆锥状尖顶帽子。

文艺复兴运动：14—16世纪欧洲新兴资产阶级思想文化运动。

巴洛克：约1600年至1750年在欧洲盛行的一种艺术风格，特点是豪华浮夸、宏伟显赫。

路易十四：波旁王朝的法国国王和纳瓦拉国王。幼年即位，母后摄政。亲政时间为1661年至1715年。

裙　撑：使外面的裙子能够蓬松鼓起的衬架，由木条、金属条、鱼骨结合硬挺或蓬松的面料制成。

蕾　丝：分为采用刺绣技法的“针绣蕾丝”和采用编绳技法的“梭结蕾丝”。17世纪是蕾丝大流行的时期。

洛可可：法国国王路易十五统治时期（1715—1774）所崇尚的艺术风格，具有纤细、轻巧、华丽和繁复的装饰性，以及轻淡柔和的色彩。

新古典主义时期：1789年至1840年，模仿和发扬古希腊、古罗马古典艺术的时期。

帝政风格：1804年拿破仑建立法兰西第一帝国后，盛行至1825年的艺术风格。

克里诺林裙撑：1850年至1870年流行的鸟笼状裙撑。

巴斯尔裙垫：1870年至1890年一种让裙子在臀部高高翘起的臀垫。

手　笼：冬天暖手的衣物，形状像笼桶，两边开口。

塔夫绸：优质桑蚕丝织成的平纹绸类丝织物。

高级定制时装：优质的手工剪裁、量身定做的时装。1868年后需要经法国高级定制时装协会严格认证。

意大利高级时装：1951年以来形成的意大利高级时装流派。

高级成衣：保留或继承了高级定制时装的部分技术和风格，工业化生产的小批量多品种的高档成品服装。

品　牌：企业对其提供的货物或服务所定的名称、术语、记号、象征、设计，或其组合。主要供消费者识别之用。品牌的组成可分为品牌名和品牌标志。

时尚受害者：盲目追求时尚潮流的人。

迷　彩：军装中用于伪装的图样。

中性服饰：男女皆可穿的服饰。

吊裆裤：宽松、低腰、裆部低至膝盖的裤子。发源于20世纪90年代美国贫民窟，年轻人模仿不被允许系腰带的囚犯，于是也不系腰带。

图片来源说明/images sources:

Alexi Lubomirski für die deutsche VOGUE: 45右上(模特Toni Garrn), 45右中(模特Toni Garrn), 45右下 (模特Karmen Pedaru), Archäologisches Institut der Universität Göttingen: 8/9中下, bildbasis.de: 2左下, 10左, 10右下, bpk-images: 2中下 (British Library Board/ Robana), 6下, 14右下 (British Library Board/Robana), 15左上 (British Library Board/Robana), 17右上 (RMN - Grand Palais/Y. Martin), 18左中 (The Metropolitan Museum of Art), 48右上 (RMN - Grand Palais/Y. Martin), CDC/James Cathany: 6左上, Corbis: 17中右 (Andreas von Einsiedel), 20中上 (Camerique/ClassicStock), 23右下 (Blue Lantern Studio), 29右中 (Bettmann), 36左(P. Vauthey/Sygma), Daisy Ricks - www.themandarinegirl.com: 41左中, 41中 (2), Fotolia Bildagentur: 37中下 (G. Sermek), Gasparyan, Dr. Boris/Institute of Archaeology and Ethnography, National Academy of Sciences: 5中, Getty: 1 (Slim Aarons), 3右 (LE TELLIER Philippe), 12中中 (Woody Allen – CBS Photo Archive), 19左上 (S. Sexton), 20中下 (Gamma), 21中中 (Chicago History Museum), 21左下 (Loomis Dean), 23左上 (Hulton Archive), 24中下 (Chicago History Museum), 24左中 (Hulton Archive), 25右下(Lipnitzki), 25左上 (Keystone Features), 25左中 (Gamma-Rapho), 26左中 (Jim Heimann Collection), 26中下 (Daily Herald Archive), 27左上 (B. Thomas/Popperfoto), 29中上 (Dior – Hulton Archive), 30右下 (Westwood 模特, weiß-PIERRE VERDY), 30左下 (YSL 模特 – GERARD JULIEN), 30左中 (YSL - NBC), 30左中 (C. Klein – Joan Adlen Photography), 30中中 (R. Lauren – D. Halstead), 30右中 (V. Westwood – T. O'Neill), 30左下 (C. Klein 模特 - Catwalking), 30中下 (R. Lauren 模特 – K. Prouse/Catwalking), 30 (背景图 – Veejay Villafranca), 31中下 (F. Micelotta), 32右中 (H. Langdon), 32中上 (V. Turbett), 32左下 (Roger Viollet Collection), 32右下 (A. Longeaud), 33中下 (LE TELLIER Philippe), 34左上 (LE TELLIER Philippe), 34左中 (Popperfoto), 35中 (J. Kay), 35右下 (V. Turbett), 37右上 (J. Beckman), 37左上 (D. O'Regan), 41左下 (Adam Katz Sinding), 41中下 (K. Sinclair), 42中上 (AFP), 45中上 (M. Marsland), Han Le and Reinaldo Irizarry: 41右下, interfoto / amw: 2右, 20左, iStock Photo: 13中下 (Lukasok), 46中下 (Yuri_Arcurs), 46中下 (Ferran Traite Soler), 47左上 (alvarez), Jeschke, Caroline: 38右下, Laska Grafix: 47右上, Levi's® 34右下, Libor Balák/Antropark: 5上, ModeMuseum Antwerpen: 13右上 (Fächer), Münchner Stadtmuseum: 33右上, 35右中, Museum Wasserburg Egeln: 7左上, Picture Alliance: 7左下 (R. Schupple/dieKLEINERT.de), 12右上(PA J. Stillwell), 12中上 (Johnny Depp – M. Taga), 30右下(Westwood 模特, gelb – J. Brady), 31中上 (Photoshot), 31右上 (Lagerfeld – S. Stache), 31右上, 32右上, 37左中 (Schuhe - Eventpress Herrmann), 39右中 (Agence Zeppelin), 40右下 (C. Moitessier/ABACAPRESS.COM), 43右下 (C. Charisius), 44左下 (H. Rintzler), picture-desk: 13左上 (Kharbine-Tapabor/The Art Archive), 20右中 (MGM/ THE KOBAL COLLECTION), 21右下 (Kharbine-Tapabor/The Art Archive), 21中 (The Art Archive/Amoret Tanner Collection), 23中下 (Dagli Orti (A)/ The Art Archive), 33右中 (Warner Bros/The Kobal Collection), Pymca: 36右中 (M. Vallee), 37中中 (E. Adebari/Rex Features), Reggio Emilia/ Archivio fotografico Musei Civici: 11中下, Roberto Fortuna/Kira Ursem, Nationalmuseet/The National museum of Denmark: 5右中, Shutterstock: 6右中 (Yingko), 7 (背景图 - Hayati Kayhan), 7右中 (R. Kudrin), 7右下 (E. Isselée), 8左上 (Kamira), 13中上 (S. Goryachev), 13右上 (Federboa - Im Perfect Lazybones), 16左上 (lynea), 23中上 (Everett Collection), 24/25 (背景图 - ilolab), 27中下 (Everett Collection), 40左下 (Alexander.Yakovlev), 40右上 (J. Reese), 40中中 (gui jun peng), 40中下 (Andreas Gradin), 40/41 (背景图 - Roberaten), 41右中 (B. Bushmin), 42中中 (Pokomeda), 42左下 (Ilya Shapovalov), 42右下 (robert_s), 43中中 (Darryl Vest), 43中中 (Picsfive), 43右中 (Velychko), 45左下 (Yanush), 46 (背景图 - ollyy), 47右 (Roberaten), 47 (背景图 – V. Agapov), Südtiroler Archäologiemuseum/Augustin Ochsenreiter: 4l, The Bridgeman Art Library: 8左中, 9右, 9中中 (The De Morgan Centre, London), 11右中 (R. Philp, London), 11右中, 12中中 (Kellybag, braun - Private Collection/Christie's Images), 14右中 (Victoria & Albert Museum, London, UK), 15右上 (Giraudon), 16左下, 17上 (Giraudon), 19中上 (P. Willi), 19右中, 22 (背景图 - Private Collection), 23右中(Private Collection/DaTo Images), 29右下 (Private Collection), 29右上 (Christie's Images), The Kyoto Costume Institute: 18右下, Trunk Archive/ Kevin Tachman: 38右上, 38右中, 39中下, 39左上, 39中中, 39右上, 44中上 (The Coveteur), Ullstein Bild: 12左中, 21左中, 28 (背景图), University of Oregon Museum of Natural and Cultural History: 4右下, V&A Images Victoria & Albert Museum, London: 3左, 16中中, 17右中, 29左上(J. French), 29中上(Kleid), 32左上(J. French), Vaude Sport GmbH & Co. KG/ Women Purna Jacket: 43右中, Wikipedia: 9中上 (Creative Commons/M. Violante), 17右下 (PD), www.docmartens.com: 35中下, www.zwischenkriegszeit.de: 27右上 (Charles William Stores), 27左下 (Modenschau), Yvette Religioso liagan/ Philippines: 12左下

环衬: tterstock (VikaSuh)左上, Shutterstock (Smit) 右下

封面图片: 封1: Getty (K. Manghi), 封4: Picture Alliance (I. Kharitonov)

设计: independent Medien-Design

图书在版编目（CIP）数据

时尚魅影 / （德）克里斯廷·帕克斯曼著 ； 刘木子译. — 武汉 ： 长江少年儿童出版社，2023.4
（德国少年儿童百科知识全书 ： 珍藏版）
ISBN 978-7-5721-3765-5

Ⅰ. ①时… Ⅱ. ①克… ②刘… Ⅲ. ①服饰美学—美学史—欧洲—少儿读物 ②服饰美学—美学史—美洲—少儿读物 Ⅳ. ①TS941.11-091

中国国家版本馆CIP数据核字(2023)第022964号
著作权合同登记号：图字 17-2023-025

SHISHANG MEIYING
时尚魅影

[德] 克里斯廷·帕克斯曼 / 著　刘木子 / 译
责任编辑 / 蒋　玲　邱雨婷
装帧设计 / 管　裴　美术编辑 / 熊灵杰
出版发行 / 长江少年儿童出版社
经　　销 / 全国新华书店
印　　刷 / 鹤山雅图仕印刷有限公司
开　　本 / 889×1194　1 / 16
印　　张 / 3.5
印　　次 / 2023年4月第1版，2023年4月第1次印刷
书　　号 / ISBN 978-7-5721-3765-5
定　　价 / 35.00元

策　　划 / 海豚传媒股份有限公司
网　　址 / www.dolphinmedia.cn　邮　　箱 / dolphinmedia@vip.163.com
阅读咨询热线 / 027-87391723　销售热线 / 027-87396822
海豚传媒常年法律顾问 / 上海市锦天城（武汉）律师事务所　张超　林思贵　18607186981

船的故事

飞机的秘密

火山探秘

七大奇迹

汽车世界
鲨鱼家族

百变天气

穿越大自然

鲸和海豚

恐龙王国

矿物与岩石

爬行与两栖动物

大自然的力量

改变世界的电

各种各样的鱼

猫的家族

奇境森林

忠诚的狗

浩瀚宇宙

狼的故事

蚂蚁和白蚁

美丽的蝴蝶

蜜蜂和胡蜂

潜水的魅力

古老的希腊文明

古罗马生活

欧洲风情

骑士时代

舞动的音符

古老的城堡

熊的秘密生活

化石档案

奇妙的昆虫

极地世界

神秘的蜘蛛

大象王国

海底宝藏
2023 NEW

海洋之谜
2023 NEW

火星登陆
2023 NEW

忙碌的农场
2023 NEW

时尚魅影
2023 NEW

全球气候
2023 NEW